越智千惠子的

離乳食美味餐廳

笛藤出版

Prologue 歡迎光臨離乳食美味餐廳

Chieko's rule 7

大人看了都想吃
01

我設計的離乳食菜單，除了食材、軟硬度、入口大小都符合各個月齡，
重要的是連大人看了也會覺得"好好吃！"，想趕快讓寶寶大快朵頤。

準備固定份量
02

孩子的食量時多時少，但為了避免「寶寶偏偏在我煮得特別少的那天胃口大開」
請每天都準備固定的份量（寶寶吃不完的我自己吃）。

現階段不順利，就先恢復到上階段
03

我會在食物的軟硬度和顆粒大小下工夫，恢復以往寶寶接受度高的菜色。我覺得，與其煩惱寶寶
不吃東西，不如抱著「若換成這個寶寶就會喜歡了吧！」的態度積極嘗試。從錯誤中學習的過程，
其實比想像中有趣喔。

重視一整天的進食量，而非一餐的食量
04

希望寶寶能在每一餐攝取足夠的營養是人之常情，如果寶寶攝取不足，做媽媽的難免覺得沮喪又擔
心。但不妨用「早餐吃的蛋白質太少，就靠午餐和晚餐補回來吧」的心態，樂觀面對！

重視寶寶「想吃的意願」
05

媽媽費盡心思煮好的餐點，要不是常常剩下一大堆，就是從寶寶口中吐出來或者掉到地上。但如果
能抱著「這也是寶寶成長的證明，只要不討厭吃飯就好了」的想法，心理壓力就不會那麼大了。

就算吃得少又有什麼關係！
06

我女兒是個小鳥胃。但我不會斤斤計較她一餐吃了多少，而是改用少量多餐的方式，如此一來她反
而每餐都吃得津津有味。已經進入離乳食尾聲的她，現在有時一天會吃到 6 餐。

媽媽要享受到做料理的樂趣
07

對「製作離乳食」這件事樂在其中。只要能煮出美味的料理，又不會把自己搞得緊張兮兮，大家可
以從 1～6 項找出符合自己需求的部分。對我而言，大家在部落格的留言，就是最大的鼓勵和支持！

Contents

- 本書以「哺乳‧離乳支援指南」（日本厚生勞働省‧平成19年3月）為主要方針，也包含了許多越智小姐實際製作離乳食時運用的創意。
- 1大匙是15ml、1小匙是5ml、1杯200ml。如果沒有特別註明，食譜的份量都是1餐份。
- 微波爐的加熱時間以火力500W為基準。請自行依照所使用的機種調整。
- 寶寶的食量因人而異。請家長視小朋友的進食狀況，自行斟酌份量。
- 所謂「泡好的牛奶」，指的是依照包裝指示，沖泡好的嬰兒配方奶。
- 所謂「太白粉水」，是以2份的太白粉溶解於1份水。請在即將使用時再調製。
- 書中介紹的粥，都是以煮好的白飯製作，但軟硬度會因水量多寡而產生差異；鍋子的大小也會造成極大出入，所以請依照米飯的軟硬度適當地增減水分。
- 放置在粥品上面的配料，記得拌入粥內再餵食。
- 每個月齡的菜單，並沒有硬性規定的時間表。請配合寶寶的成長調整。

料理‧食譜‧攝影 / 越智千惠子
監修 / 堀江幸子（營養師‧料理研究專家）
人物攝影 / 大瀨智和（封面‧人物）
髮型&化妝 / 椎名和代（air-t）
裝幀‧內文設計 / 橘田浩志（attik）
協力 / 益田晴子（越智真人事務所）
統籌 / 小宮 靜
編輯 / 山田良子（主婦之友社）

離乳食的各階段區分標準

離乳食的食材，必須依照寶寶的月齡調整。

絕對沒有「一定得按照進度」這回事。

不過，如果先有個大致的概念可依循，媽媽總是能比較放心吧。

初期 5～6個月大左右

離乳食從1天1餐開始嘗試。等到寶寶習慣後，再增加為1天2餐。首先從搗碎的10倍粥開始，接著再慢慢加入蔬菜，還有豆腐等蛋白質類食物。

1餐的飯量和軟硬程度

o **10倍粥**（一開始的時候。參照P8）
▼
o **7倍粥**（等到1天增為2餐時。參照P29）
這個時期的食量大約是1小匙～40g

正餐以外的配菜建議份量

習慣白粥以後，逐次加入搗成泥狀的蔬菜、豆腐、白肉魚，每一次1小匙。

中期 7～8個月大左右

等到寶寶適應了1天2頓的離乳食，就可以進階到中期了。食材比照豆腐的軟硬度，約可以用舌頭壓碎的程度。可以嘗試的品項大增，包括雞里肌肉、紅肉魚、乳製品等。

1餐的飯量和軟硬程度

o **7倍粥**（前半段。參照P29）
▼
o **5倍粥**（後半段。參照P36）
這時的飯量大約是40～80g

正餐飯量以外的配菜建議份量

蔬菜20～30g／魚10～15g或肉類10～15g／
豆腐30～40g／蛋黃從1匙開始增加～1個、
全蛋從1/3個開始／乳製品50～70g

後期 9～11個月大左右

離乳食已經增加為1天3次，也成為營養的主要來源。寶寶可接受的食物硬度已稍微提高，大約是拇指大小的香蕉。但是，如果突然增加食物的硬度，有可能讓寶寶養成囫圇吞棗的壞習慣，記得要確認寶寶有沒有細嚼慢嚥喔。

1餐的飯量和軟硬程度

o **5～4倍粥**（前半段～中期。5倍粥參照P36、4倍粥參照P58）
▼
o **軟飯**（後半段）
這時的飯量大約是70～90g

正餐飯量以外的配菜建議份量

蔬菜30～40g／魚15g或肉類15g／
豆腐45g／全蛋1/2個／乳製品80g

完成期 1歲～1歲6個月左右

寶寶的必須營養素幾乎都從離乳食攝取。可以吃的食材大幅增加，能夠接受的烹調手法也更多樣了。盡量讓寶寶自己動手抓著吃，養成好胃口。

1餐的飯量和形狀

o **軟飯**（後半段。參照P57）
▼
o **白飯**（後半段。）
這時的飯量大約是80～90g

正餐飯量以外的配菜建議份量

蔬菜40～50g／魚15～20g或肉類15～20g／
豆腐50g～55g／全蛋1/2～2/3個／乳製品100g

初期

〔5～6個月大左右〕

有生以來的第 1 口「食物」，是彌足珍貴的回憶。

這一匙充滿媽媽愛心的 10 倍粥，也揭開了離乳食的序幕。

這個時期，寶寶的主要營養來源，還是仰賴母乳或配方奶。

所以，只要讓寶寶習慣、不排斥「吃東西」這件事就 OK 了；

媽媽如果能放寬心，對寶寶和自己都是大大加分的喔！

10 倍粥

材料

白飯和水的比例為 1：9

（每一次的食量大約是 1 小匙～ 40g）

作法

1. 把白飯和水倒入鍋內，以大火加熱。

2. 煮滾後轉小火，再煮 30 分鐘，熄火。

3. 搗碎煮好的米飯，再用篩子篩出來，讓
   粥的質地變得更加滑順。

※ 分成小份冷凍起來很方便唷。

Chieko's Memory

我還記得餵寶寶吃下
第一口 10 倍粥時，
她嚇了一跳，
整個愣住的樣子 ^^（笑）

Memo

馬鈴薯的芽含有龍葵素
（易引起食物中毒），
所以要挑掉芽，
也要把皮削厚一點。

菠菜馬鈴薯
雙色泥

材料

馬鈴薯　10g ／菠菜的嫩葉　5g

作法

1. 馬鈴薯削皮後，汆燙至熟、變軟。
   用篩網過篩後，再以剛剛汆燙的熱水稀釋。

2. 汆燙菠菜，剁碎、過篩後，倒在 1 上即可。

紅蘿蔔南瓜糊

材料

紅蘿蔔　5g ／南瓜　5g

作法

紅蘿蔔和南瓜削皮後，汆燙至熟。搗碎後過篩，
混入少許汆燙的熱水稀釋，讓質地變得滑順。

地瓜
牛奶糊

材料
地瓜　10g／牛奶　1 小匙

作法
地瓜削皮，蒸熟後搗碎用篩網過篩。
最後加入泡好的牛奶，
增加質地的滑順度。

Memo
地瓜皮周圍的纖維很多，
所以要把皮多削掉一點。
我一開始加的是
泡好的配方奶，
之後才改成鮮奶。

綠花椰菜粥

材料
10 倍粥　30g
綠花椰菜的花　10g

作法
1. 擷取綠花椰菜的花朵燙至熟，
　 搗成泥。
2. 把 1 混入 10 倍粥，
　 再加入少許汆燙綠花椰菜的熱湯，
　 讓口感更加滑順。

綠花椰菜
嫩豆腐泥

材料
綠花椰菜的花　5g／嫩豆腐　15g
熱水　適量
作法
把汆燙後搗成泥的綠花椰菜，混入微波
爐加熱過篩好的豆腐，再加進熱水稀釋，
攪拌均勻。

馬鈴薯
燉蘋果泥

材料
馬鈴薯　5g／蘋果　5g
作法
1. 馬鈴薯削皮後水煮至軟。
2. 把蘋果放進微波爐加熱，再搗成
   泥。
3. 混合 1 和 2，再用篩網過篩就完
   成了。

Memo

使用豆腐當作離乳食食材，
可先用保鮮膜把豆腐包起來，
再放進微波爐加熱。
至於加熱的時機只要方便就好，
不論是過篩前還是過篩後都可以。

南瓜風味
燉粥

材料
南瓜　5g
10 倍粥　15g
牛奶　1 小匙
作法
1. 加南瓜削皮後，煮熟過篩，
   再加入煮南瓜時的熱水，讓
   質地更為滑順。
2. 把 1 和牛奶混入 10 倍粥，
   攪拌均勻就完成了。

南瓜泥

材料
南瓜　10g ／熱水　適量
作法
南瓜削皮後，煮熟過濾。再加入熱水稀釋，
讓口感更加平滑。

10 倍粥

材料
10 倍粥　10g
作法
參照 P8。

香蕉豆腐泥

材料
嫩豆腐　10g ／香蕉　1/10 條
作法
把香蕉和豆腐放進微波爐加熱，過篩後攪拌
均勻。質地如果過硬，可加點熱水稀釋。

Memo
香蕉我也是先加熱再使用。

蕪菁
白肉魚粥

材料
蕪菁　5g
白肉魚片（真鯛、鰈魚、比目魚等）
5g
作法
1. 煮熟削了皮的蕪菁和白肉魚，再
   以篩網過濾。
2. 把 1 混入 10 倍粥，攪拌均勻，
   使質地變得滑順。

Memo
我的作法是一次把
真鯛魚片煮熟後搗碎，
再每份 5g 分裝。
最後用容器裝起來，
冷凍保存。

紅蘿蔔
地瓜泥

材料
紅蘿蔔　5g
地瓜　10g
作法
把削了皮的紅蘿蔔和地瓜煮熟，
過篩後攪拌均勻。
如果質地太稠，可以加點熱水稀釋。

10 倍粥＋
地瓜

材料
10 倍粥　15g ／地瓜　5g
作法
地瓜削皮，煮到軟。過篩後，
放在 10 倍粥上。

菠菜香蕉

材料
菠菜的嫩葉　10g ／香蕉　1/10 條
作法
把煮熟的菠菜泥與微波爐加熱過
幾秒鐘的香蕉泥充分攪拌，再加入煮菠菜時
剩下的熱水稀釋，攪拌均勻。

Chieko's Memory
香蕉的甜味可以掩蓋青菜的澀味，
所以寶寶她好像覺得很好吃。
不知道她是不是因為學會
吞東西了，所以覺得很開心？
我記得她這個時候
也開始會伸手抓湯匙了。

紅蘿蔔粥

材料
10 倍粥　15g ／紅蘿蔔　5g
作法
紅蘿蔔削皮，煮到軟。過篩後，
拌入 10 倍粥。

蕪菁
牛奶濃湯

材料
蕪菁　5g ／牛奶　1 小匙
蔬菜湯（P17）1 小匙　太白粉水　少許
蕪菁的嫩葉　5g
作法
1. 蕪菁削皮後煮到變軟，過篩。
2. 把 1 混入加熱過的蔬菜湯和牛奶，
   再以少許太白粉水勾芡。
3. 把煮熟過篩後的蕪菁葉泥放在 2 上
   就完成了。

高湯燉紅蘿蔔

材料
紅蘿蔔　10g ／高湯＊　1 大匙
作法
紅蘿蔔削皮後煮軟，過篩。再加入高湯
稍微煮一下即可。

地瓜泥佐
黃豆粉

材料
地瓜　10g ／黃豆粉　1 撮
作法
地瓜削皮，煮熟。過篩後，加入少許熱水稀釋，
讓質地更為滑順。最後加入黃豆粉，攪拌均
勻。

＊高湯的製作方式

1 把昆布放進鍋內浸泡一段時間後，
　用小火加熱。
2 快要沸騰時取出昆布，加入柴魚，
　再煮一段時間。
　煮好後，濾掉雜質。
　使用前先稀釋成 1.5 倍。

南瓜馬鈴薯
拌豆腐

材料
馬鈴薯　10g ／南瓜　10g
嫩豆腐　10g
作法
1. 煮熟削了皮的馬鈴薯和南瓜，過篩。
2. 把豆腐放進耐熱容器，用保鮮膜包好，
　再以微波爐加熱約 30 秒。
3. 混合 1 和 2，搗碎。如果覺得太硬，加點
　水煮蔬菜時剩下的熱水稀釋。

高湯煮菠菜

材料

菠菜的嫩葉　10g ／高湯（P13）2 小匙

太白粉水　少許

作法

1. 把煮熟的菠菜剁碎後過篩。

2. 將高湯倒入 1 一起加熱，
   再加入少許太白粉水勾芡。

黃豆粉粥

材料

10 倍粥　10g ／黃豆粉　1 撮

作法

把黃豆粉混入 10 倍粥，攪拌均勻即可。

Memo

黃豆粉經過拌炒後，
比黃豆不容易誘發過敏，
但還是等到寶寶吃過豆腐，
確認沒問題再開始少量加入吧。

茄汁
豆腐

材料

嫩豆腐　10g ／煮蕃茄　5g

作法

1. 把豆腐放入耐熱容器，再用保鮮膜包
   起來，以微波爐加熱約 30 秒。過篩。

2. 把溫熱的燉蕃茄放在 1 上面就完成了。

Memo

燉蕃茄的作法是，
先把蕃茄去籽和皮，再切成幾大塊。
接著放進蔬菜湯裡煮軟，再過篩就完成
了。可以放進冷凍庫保存，等到要用的時
候再拿出來解凍，非常方便。

地瓜
吐司粥

材料
地瓜　5g ／吐司（白色部分）　5g
水　1/2 杯
作法
1. 把削皮的地瓜煮軟，過篩。
2. 把撕碎的吐司加水煮開，再混入 1，攪拌均勻。
　 覺得質地太稠的話，可再加點熱水稀釋。
※ 吐司粥要等到寶寶滿 6 個月大再開始食用為佳。

高湯煮蕪菁白肉魚
佐綠花椰菜泥

材料
蕪菁　5g
白肉魚片（真鯛、鰈魚、比目魚等）5g
高湯（P13）　1.5 大匙／綠花椰菜的花　5g
作法
1. 汆燙削了皮的蕪菁和白肉魚。搗碎後過篩。
2. 將高湯加入 1，攪拌均勻。
3. 把綠花椰菜煮熟後，搗碎、過濾。再把綠花菜泥
　 倒在 1 上。食用前拌勻。太稠的話，加點熱水
　 攪拌。

Memo

真鯛、比目魚和鰈魚等，
都是適合初期使用的白肉魚。
鱈魚很容易是過敏原，
所以要等到後期（9個月大）再吃。

香濃薯芋泥

材料
地瓜　5g ／馬鈴薯　5g
熱水　適量
作法
馬鈴薯和地瓜削皮後，煮熟。搗碎後過篩，再用熱
水稀釋，使質地更加滑順。

白肉魚蔬菜濃湯

材料
綠花椰菜的花　5g ／迷你蕪菁（蕪菁也可以）
白肉魚片（真鯛、鰈魚、比目魚等）5g
蔬菜湯（P17）　1 大匙
作法
把綠花椰菜、削了皮的蕪菁、白肉魚煮熟。搗碎、
過篩後，加入蔬菜湯再煮一下。
※ 我用的迷你蕪菁是向 Oisix 蔬果宅配公司訂購
　 的產品。

初期

白蘿蔔煮吻仔魚

材料
白蘿蔔　5g／吻仔魚干　5g

作法
1. 以熱水稍微燙過吻仔魚干，去除鹽分。
   瀝乾水分後，磨碎。
2. 把削皮的白蘿蔔磨成泥，再放進微波爐
   加熱。
3. 混合1和2，稍微煮一下就OK了。

紅蘿蔔雙色粥

材料
10倍粥　10g／紅蘿蔔　5g

作法
紅蘿蔔削皮，煮熟。搗碎、過篩後，放在
10倍粥上。

Memo
蘿蔔泥我也是先加熱後再使用。

地瓜泥

材料
地瓜　10g／熱水　適量

作法
把煮熟的地瓜搗碎、過篩，再加熱水稀釋，
使口感更加滑順。

高湯煮小松菜和
白肉魚

材料
小松菜　5g

白肉魚片（真鯛、鰈魚、比目魚等）5g
高湯（P13）2小匙／太白粉水　少許

作法
首先將小松菜和白肉魚煮熟。搗碎後，
倒入高湯一起加熱，再加點太白粉水勾芡即可。

Memo
也可以把白肉魚換成吻仔魚
（要稍微燙過，好去除鹽分）。

豆腐粥佐蕃茄果醬

材料
10 倍粥　15g ／嫩豆腐　10g
太白粉水　少許／蕃茄　10g

作法
1. 混合過篩的豆腐和 10 倍粥一起加熱，
   再加入太白粉水勾芡。
2. 把去皮、去籽的蕃茄煮熟。搗碎後，
   放在 1 上。

雙薯濃湯

材料
地瓜　5g ／馬鈴薯　5g
蔬菜湯＊　1 大匙

作法
把地瓜和馬鈴薯削掉一層厚皮，煮熟。
搗碎、過濾後，加入蔬菜湯煮到滾，
攪拌均勻。

Chieko's Memory
放在上面的食材要和
裡面的粥攪拌均勻，
再餵給寶寶吃喔。

＊蔬菜湯的作法

1. 把紅蘿蔔、高麗菜、白蘿蔔和洋蔥等蔬菜（約
   150g）放進鍋內，倒入足以淹過蔬菜的水（約 2
   杯水），以中火熬煮。
2. 煮滾後轉小火，再煮 15～20 分鐘。
3. 用萬用濾網濾掉菜渣就完成了。
我用的是冰箱裡現有的蔬菜，媽媽們盡可能挑選澀味
較少、耐煮的種類即可。

特製寶寶義式蔬菜濃湯

材料（2 個成人＋1 個寶寶的份量）
洋蔥　1/2 個／紅蘿蔔　1/2 條
馬鈴薯　1 個／高麗菜　1/6 個／水　2.5 杯

作法
1. 把切成 1cm 小塊的洋蔥、紅蘿蔔、馬鈴薯
   和高麗菜放進鍋內，加水，以中火加熱。
2. 煮滾後，把寶寶要吃的 15g 左右移到另一個
   小鍋裡，用小火把鍋內的蔬菜煮軟。搗碎後，
   加入少許煮蔬菜的熱水拌開。

Memo

接著製作大人要吃的份量。
在 1 裡加入用橄欖油拌炒過的
培根、大蒜、雞湯粉（1 大匙）、
番茄罐頭（1/2 罐），
燉煮到蔬菜變軟。以鹽、
胡椒調味後，撒上帕米森起士。

5months~6months

初期

菠菜
吻仔魚粥

材料

吻仔魚干　5g

菠菜的嫩葉　10g

10 倍粥　10g

作法

1. 以熱水稍微燙過吻仔魚干，好去除
   鹽分。磨碎。
2. 把汆燙過的菠菜搗成泥。
3. 把 1 和 2 混入 10 倍粥，攪拌均勻。

Memo

吻仔魚干的鹽分較高，
一定要用熱水燙過再給寶寶吃喔。

蕪菁
高麗菜湯

材料

蕪菁　5g ／高麗菜的嫩葉　5g

蔬菜湯（P17）2 小匙

作法

1. 蕪菁削皮後，和高麗菜一起汆燙。
   煮熟後，搗碎、過篩。
2. 加入蔬菜湯，攪拌均勻。

Memo

餵寶寶高麗菜等葉菜類蔬菜時，
請盡量只挑柔軟的前端嫩葉，
避免硬硬的菜梗。

迷你蕪菁
牛奶濃湯

材料
迷你蕪菁（或蕪菁）5g／高麗菜 5g
蔬菜湯（P17）1小匙／泡好的牛奶 1小匙
作法
1. 蕪菁削皮後，和高麗菜一起汆燙。煮熟後，搗碎、過篩。
2. 把蔬菜湯和牛奶加入蔬菜湯稍微煮過，攪拌均勻即可。

金時紅蘿蔔泥

材料
嫩豆腐 15g／金時紅蘿蔔 5g
作法
把微波加熱並過篩的豆腐，和削皮煮熟的金時紅蘿蔔
泥攪拌均勻。如果質地太過乾硬，可加入少許汆燙時
剩下的湯汁。

紅蘿蔔
吻仔魚粥

材料
10倍粥　10g ／吻仔魚　5g
紅蘿蔔　5g

作法
1. 用熱水稍微燙過吻仔魚，去除鹽分。
　 瀝乾水分後，磨碎。
2. 把1和10倍粥混在一起，再放上去皮過
　 篩後的熟紅蘿蔔泥就完成了。

小松菜香蕉

材料
小松菜的嫩葉　5g ／香蕉　1/10條

作法
將煮熟的小松菜泥，混入用微波爐加熱過
的香蕉泥，攪拌均勻。質地太稠的話，
加點熱水稀釋。

牛奶吐司粥

材料
吐司（白色部分）　5g ／水　4大匙
泡好的牛奶　1小匙

作法
把撕碎的吐司放進小鍋裡，加水煮開。過篩
後加入牛奶攪拌均勻。

※吐司粥要等到寶寶滿6個月大再開始食用。

紅蘿蔔蕪菁拌
吻仔魚

材料
吻仔魚　5g
紅蘿蔔　5g ／蕪菁　5g

作法
1. 以熱水稍微燙過吻仔魚，去除鹽分。瀝乾
　 水分後，磨碎。
2. 紅蘿蔔和蕪菁削皮後，煮熟、搗碎和過篩。
3. 混合1和2，攪拌均勻。如果太稠，加點熱
　 水拌開。

地瓜豆腐

材料
地瓜 5g／嫩豆腐　15g

作法
1. 地瓜削皮後煮熟，搗碎、過篩。
2. 把豆腐放入耐熱容器，用保鮮膜包起來，以微波爐加熱約 30 秒。過篩。
3. 混合 1 和 2，攪拌均勻。如果質地太稠，加點水煮地瓜時的熱水攪拌。

牛奶吐司粥佐香蕉

材料
吐司（白色部分）　5g／水　4 大匙／
泡好的牛奶　1 小匙／香蕉切片　1 片

作法
1. 把撕碎的吐司和水裝入鍋內，邊煮邊搗碎，過篩。接著加入牛奶攪拌。
2. 把香蕉放進微波爐加熱後搗碎過篩，放在 1 上。覺得太稠的話，加點熱水稀釋。

※ 麵包粥適用 6 個月大以上的寶寶。

南瓜豆腐泥

材料
南瓜　5g／嫩豆腐　5g

作法
1. 把南瓜煮熟。搗碎、過篩。
2. 把豆腐放入耐熱容器，用保鮮膜包起來，以微波爐加熱約 30 秒。過篩。與 1 充分攪拌後就完成了。

Chieko's Memory
當寶寶對離乳食的接受度變得不高時，我會調整硬度和顆粒粗細，恢復到原本她最能適應的菜單。尤其是初期，與其在意「食量」，我更希望孩子能夠體會「吃東西的樂趣」。

10 倍粥

材料

10 倍粥　10g

作法

參照 P8。

綠花椰菜薯泥
牛奶濃湯

材料

綠花椰菜的花　5g ／馬鈴薯　5g

泡好的牛奶　2 小匙

作法

1. 綠花椰菜煮熟後搗碎。

2. 馬鈴薯削皮後煮熟，搗碎、過篩。最後加入
   1 和牛奶，攪拌均勻。

Chieko's Memory

馬鈴薯所含的澱粉，
就是最好的天然勾芡，
而且寶寶好像
也最容易入口。

地瓜
豆腐粥

材料

10 倍粥　15g ／嫩豆腐　10g

太白粉水　少許／地瓜　5g

作法

1. 把過篩的豆腐和 10 倍粥一起煮到滾，再加入
   少許太白粉水勾芡。

2. 煮熟削皮的地瓜，搗碎、過篩。放在 1 上。
   餵寶寶之前要仔細攪拌。如果攪不開，可以
   加點熱水稀釋。

蘋果
甜薯泥

材料
地瓜　5g ／蘋果　5g
作法
1. 地瓜削皮後煮熟，搗碎、過篩。
2. 把削了皮的蘋果切成小塊，用保鮮膜包起來，放進微波爐加熱約 40 秒。取出後，磨成蘋果泥。
3. 將 1 和 2 混合，攪拌均勻，再加點煮地瓜時剩下的熱水稀釋。

紅蘿蔔柳橙泥

材料
紅蘿蔔　5g ／柳橙汁　1/3 小匙
作法
紅蘿蔔削皮後，煮熟、搗碎再過篩。最後加入柳橙汁攪拌均勻。

Memo

以帶有自然甜味的蔬菜或水果調味，寶寶的接受度好像比較高耶。
果汁最好等到寶寶適應了初期的離乳食，再從少量給予。

10 倍粥佐
綠花椰菜

材料
10 倍粥　10g ／綠花椰菜的花　5g
作法
綠花椰菜的花煮熟後搗碎、過篩，放在 10 倍粥上。
餵食寶寶前攪拌均勻即可。

蔬菜紅蘿蔔
牛奶湯

材料
紅蘿蔔　5g ／泡好的牛奶　1 小匙
蔬菜湯（P17）1 小匙
作法
紅蘿蔔削皮後，煮熟、搗碎再過篩。加入蔬菜湯和牛奶一起加熱即可。

牛奶風味
地瓜南瓜雙色糊

材料

地瓜 5g／南瓜 5g

泡好的牛奶（或熱水） 2 小匙

黃豆粉 1 撮

作法

1. 將地瓜和南瓜削皮，煮熟搗碎、過篩，
   再各自加入泡好的牛奶稀釋。

2. 用一個容器裝好兩種食物泥，撒上黃
   豆粉。如果攪拌不易，可以加點熱水。

豆腐拌
紅蘿蔔

材料

紅蘿蔔 5g／嫩豆腐 10g

作法

1. 把豆腐放入耐熱容器，用保鮮膜包起來，
   以微波爐加熱約 30 秒。過篩。

2. 紅蘿蔔削皮後，煮熟、搗碎再過篩。
   混合 1 和 2 即可。

10 倍粥

材料

10 倍粥 10g

作法

參照 P8。

Chieko's Memory

等到寶寶已經很習慣
稀飯和蔬菜以後，我才開始
加一點點豆腐等蛋白質。
我女兒很喜歡這道
豆腐拌紅蘿蔔喔。

白肉魚粥佐
菠菜泥

材料
10 倍粥　15g
白肉魚片（真鯛、鰈魚、比目魚等）5g
菠菜的嫩葉　10g

作法
1. 白肉魚汆燙後，搗碎、過篩。加入 10 倍粥內。
2. 過篩煮熟的菠菜泥，放在 10 倍粥上就完成了。
   仔細攪拌均勻再餵寶寶。

紅蘿蔔蘋果泥

材料
紅蘿蔔　5g／蘋果　5g

作法
紅蘿蔔和蘋果削皮後，一起放進鍋內稍微煮過。
質地太乾的話，加點熱水稀釋。

甜薯
牛奶濃湯

材料
地瓜　5g
白肉魚片（真鯛、鰈魚、比目魚等）5g
洋蔥　5g／泡好的牛奶　2 小匙
黃豆粉　1 撮

作法
1. 煮熟削皮的地瓜、白肉魚和洋蔥。搗碎後
   過篩。
2. 把牛奶加入 1，再撒上黃豆粉。餵食前仔
   細攪拌。

南瓜
嫩豆腐

材料
南瓜　5g ／嫩豆腐　15g
作法
南瓜削皮後煮熟，搗碎、過篩。混入以微波爐加熱
過篩的豆腐，攪拌均勻。

白蘿蔔粥佐
菠菜泥

材料
白蘿蔔　5g ／ 10 倍粥　15g ／菠菜的嫩葉　10g
作法
1. 白蘿蔔削皮後煮熟，搗碎、過篩，再混入 10 倍粥。
2. 把過篩好的熟菠菜泥放在 1 上。餵食寶寶前攪拌均勻。

中期

〔7 ～ 8 月大左右〕

這個時期的寶寶差不多 1 天要吃 2 餐離乳食了。雖然寶寶
對母乳或配方奶的需求還是很強烈,但是他們已經大到
想喝的時候再餵就夠了。如果寶寶還不是很會吞嚥,
餵食的時候常有食物從嘴巴裡掉出來的情況,請媽媽辛苦一點,
多餵幾次喔。希望不論對媽媽還是寶寶而言,
每天的離乳食時間,都是彼此最開心的互動時光。

和風
紅蘿蔔粥

材料

高湯（P13）3 大匙／紅蘿蔔　10g

5 倍粥（參照 P36）　50g

作法

1. 把紅蘿蔔切成丁，煮熟。

2. 把高湯倒進鍋內加熱，加入 1 和 5 倍粥，煮到沸騰即可。

奶油豆腐
燉白菜

材料

嫩豆腐　30g

白菜（菜葉的部分）　10g

蔬菜湯（P17）　3 大匙

白醬＊　　1 小匙

作法

1. 把豆腐放進微波爐加熱。取出後，切成 5mm 的小塊。把白菜汆燙後切碎。

2. 把蔬菜湯倒進鍋內加熱，再加入 1 和白醬。

＊白醬的作法

鍋內放入
1 大匙奶油（無鹽），
溶化後，加入 1 大匙麵粉
攪拌均勻。最後倒入 1/2 杯
泡好的牛奶混勻。

雞里肌
綠花椰菜什錦粥

材料

雞里肌　10g ／ 5 倍粥　50g

綠花椰菜的花　10g

洋蔥　5g ／高湯（P13）　3 大匙

作法

1. 里肌肉去筋後煮熟，搗碎。

2. 切碎綠花椰菜和洋蔥，煮熟。

3. 把高湯倒進鍋內加熱，加入 1、2 和 5 倍粥，再煮一下就完成了。

Memo

洋蔥要仔細炒過，
才能讓甜味釋放出來喔。

7 倍粥

材料
白飯和水的比例為 1：6
（每一次的食量大約是 50～80g）
作法
1. 把白米和水倒入鍋內，蓋上鍋蓋，
　以大火加熱。
2. 煮滾後轉小火，並打開鍋蓋，
　再煮 20 分鐘。
3. 煮好後再將其磨碎即可。

小松菜拌豆腐

材料
嫩豆腐　30g／小松菜　10g
高湯（P13）　3 大匙
作法
1. 將小松菜汆燙至軟，再剁成 1～2mm
　的菜末。
2. 把豆腐切成 5mm 的小塊，用保鮮膜
　包起來，放進微波爐加熱約 30 秒。
3. 溫熱高湯，再加入 1 和 2，攪拌均勻即可。

Chieko's Memory
我把一半的
豆腐切成小塊，另一半
則磨成泥一起使用。

鮭魚
白花椰菜什錦粥

材料
生鮭魚　15g／白花椰菜的花　15g
5 倍粥　50g／高湯（P13）　2 大匙
作法
1. 將鮭魚煮熟後，剔除鮭魚的骨頭和魚皮，
　再將魚肉搗碎。
2. 汆燙白花菜的花，再切成碎丁。
3. 加熱高湯，再放入 1、2 和 5 倍粥攪拌。

Memo
我以新鮮鮭魚為食材，適用
中期以上的寶寶。

綠花椰菜 吐司粥佐南瓜泥

材料

吐司（白色部分） 15g

綠花椰菜的花 10g

牛奶（或沖泡好的配方奶） 3 大匙

水 1 大匙／南瓜 5g

作法

1. 微波加熱綠花菜，再切成碎末。
2. 將吐司撕成小塊，放進鍋內。再
   加入牛奶、水和1，用小火加熱；
   煮至吐司變軟，蓋上鍋蓋燜一下。
3. 南瓜削皮後，煮熟，搗碎，
   放在 2 上。

Memo
雖然從中期就可以直接
用鮮奶料理，但繼續使用
奶粉也可以。

蘿蔔泥 煮豆腐

材料

嫩豆腐 30g ／白蘿蔔 10g

高湯（P13） 3 大匙

作法

1. 把豆腐切成 5mm 的小塊，白蘿蔔削皮後磨成泥。
2. 把高湯煮到滾，再加入 1 煮一下就完成了。

Memo
我用的是白蘿蔔的頂部
（靠近葉子的部分）。
因為這個部位的甜味最濃。

南瓜吐司粥

材料

吐司（白色部分） 15g

南瓜脆片 5g（或煮熟的南瓜泥 10g）

水 4 大匙

作法

1. 把撕碎的吐司和南瓜脆片裝進耐熱容器，
   加水浸泡一段時間。
2. 蓋上蓋子（或保鮮膜），放進微波爐加熱。
3. 搗碎食材，並攪拌均勻。

豆腐 馬鈴薯冷湯

材料

馬鈴薯 10g ／洋蔥 10g

嫩豆腐 20g ／蔬菜湯（P17） 4 大匙

牛奶（或沖泡好的配方奶） 1.5 大匙

海苔 少許

作法

1. 馬鈴薯削皮後，切成 5mm 的小塊；洋蔥
   切末。分別汆燙備用。
2. 將豆腐切約 5mm 大小備用。
3. 把蔬菜湯倒進鍋內加熱，再加入 1 和 2
   熬煮，最後倒入牛奶稍微煮一下。
4. 撒上海苔粉，餵食前要仔細攪拌。

Chieko's Memory
想用綠色點綴料理時，
我會撒上一點海苔粉，
看起來就很漂亮。芹菜等
植物的味道太重，
所以還不適用。

海苔粥

材料
5 倍粥（P36） 50g
海苔 1 撮
作法
把海苔混入 5 倍粥內即可。

鮭魚白菜
燉奶油玉米粒

材料
新鮮鮭魚 10g ／白菜（菜葉的部分） 10g
蔬菜湯（P17） 3 大匙
奶油玉米粒 1 大匙
作法
1. 將鮭魚煮熟後，剔除鮭魚的骨頭和魚皮，
　 再將魚肉搗碎。
2. 白菜汆燙後切碎，奶油玉米粒搗碎、過濾。
3. 把蔬菜湯、1、2 略為加熱就完成了。

蘆筍雞絞肉
起士燉飯

材料
蔬菜湯（P17） 4 大匙
雞里肌的絞肉 15g
綠蘆筍 15g
5 倍粥（P36） 50g ／起士粉 少許
作法
1. 綠蘆筍削皮後汆燙，再切成小塊。將絞肉
　 汆燙好備用。
2. 把蔬菜湯倒進鍋內加熱，放入1、絞肉、
　 5 倍粥稍微煮過，再撒上起士粉就完成了。

Memo
減少蔬菜湯的份量，
改放一點牛奶也不錯。

白肉魚粥

材料
5 倍粥（P36） 50g
白肉魚片（真鯛、鰈魚、比目魚等） 15g
作法
把汆燙過的白肉魚用叉子或手撕成小塊，混入
粥即可。

綜合蔬菜高湯

材料
高湯（P13） 4 大匙／紅蘿蔔 10g
洋蔥 10g／馬鈴薯 20g
綠蘆筍 5g
作法
1. 把削了皮的紅蘿蔔、洋蔥和綠蘆筍切成細丁；
   馬鈴薯削皮後，切成 5mm 的小塊。
   全部汆燙至熟。
2. 加熱高湯，放入 1 所有的材料即可。

Chieko's Memory
馬鈴薯能增加稠度，
是天然的勾芡粉，而且寶寶
好像也挺捧場的

鮭魚粥

材料
新鮮鮭魚 10g
5 倍粥（P36） 50g
作法
1. 剔除鮭魚的骨頭和魚皮，煮熟。再把魚肉搗碎。
2. 把 5 倍粥加入 1，攪拌均勻。

南瓜洋蔥湯佐白醬

材料
洋蔥 15g／南瓜 15g
蔬菜湯（P17） 4 大匙
白醬（P28） 1 小匙
作法
1. 洋蔥切丁。南瓜削皮後煮熟、搗碎。
2. 把蔬菜湯倒進鍋內加熱，再放入洋蔥。
   煮軟後，加入南瓜。起鍋後，淋上白醬
   就可以開動了。

Memo
洋蔥要仔細拌炒，
直到釋放出甜味喔。

熱牛奶
燕麥粥

材料
燕麥　30g
牛奶（或沖泡好的配方奶）　4 大匙
作法
把牛奶倒進燕麥裡，用保鮮膜包好後，
放進微波熱加熱。加熱完畢後，不要
立刻取下保鮮膜，燜一下即可。

起士
煮南瓜

材料
南瓜　20g
茅屋起士　10g
蔬菜湯（P17）　3 大匙
作法
1. 南瓜削皮後，煮熟、搗碎、過篩。
2. 加熱蔬菜湯，再放入 1 和茅屋
　起士，稍微煮過就完成了。

Memo
如果沒有買到過濾好的
茅屋起士，我會在使用
前自己過濾。

熱牛奶
燕麥粥

材料
燕麥　30g
牛奶（或沖泡好的配方奶）　4 大匙
作法
參照右上。

豆漿煮
南瓜蘋果

材料
南瓜　20g ／蘋果　10g
豆漿　2 大匙／奶油（無鹽）　1.5g
麵粉　1.5g
作法
1. 把切成容易入口大小的南瓜和蘋果放入鍋內，
　再倒入足以淹滿食材的水，開火加熱。煮到
　食材變軟。
2. 淋上豆漿醬汁 ※
※ 把奶油放進平底鍋加熱溶化後，倒入麵粉攪
拌，再加入豆漿混勻就完成了。

Memo
無糖豆漿從中期開始使用。
每次只要餵食少許即可。
當作飲料使用的話，
滿 1 歲以後再開始為宜。

馬鈴薯吐司粥

材料

馬鈴薯　10g／吐司（白色部分）　15g
水　3～4 大匙

作法

1. 把馬鈴薯煮軟後，搗碎。
2. 把撕碎的吐司放進鍋內，加水浸泡。
   再加入 1 煮一下。

雞茸玉米湯

材料

雞里肌的絞肉　10g
蔬菜湯（P17）　3 大匙
奶油玉米粒　20g
牛奶（或沖泡好的配方奶）　1.5 大匙

作法

1. 雞絞肉汆燙備用。
2. 把蔬菜湯倒進鍋內加熱，再加入奶油玉米粒和
   牛奶稍微煮過就完成了。

蕃茄粥

材料

5 倍粥（P36）　50g
小蕃茄　1 顆

作法

1. 小蕃茄去籽、去皮，過濾後放進微波爐加熱。
2. 把 5 倍粥混入 1 攪拌均勻。

奶香青江菜燉豆腐

材料

蔬菜湯（P17）　3 大匙
青江菜的嫩葉　15g／嫩豆腐　30g
牛奶（或沖泡好的配方奶）　2 大匙

作法

1. 青江菜汆燙後切碎，豆腐切成 5mm 的小塊。
2. 把蔬菜湯倒進鍋內加熱，再加入 1。
   最後倒入牛奶煮至沸騰。

Memo

青江菜我用的是前面
較嫩的菜葉。

地瓜粥

材料
地瓜　20g
5 倍粥（P36）　50g

作法
地瓜削皮，煮熟、搗碎和過篩。最後把
地瓜泥放在 5 倍粥上。

蕪菁
煮雞絞肉

材料
高湯（P13）　5 大匙／蕪菁　20g
蕪菁葉　10g
雞里肌的絞肉　15g
太白粉水　少許

作法
1. 蕪菁削皮後，切成 5mm 的小塊；
   蕪菁葉切末。
2. 雞絞肉汆燙備用。
3. 把高湯倒進鍋內加熱，煮沸後放入
   1 和 2 稍微煮過，再以太白粉水勾芡。

Memo
中期我用的是
脂肪較少的
雞里肌絞肉。

蛋黃粥

材料
5 倍粥（P36）　50g ／蛋黃　1/4 顆

作法
取出水煮蛋的蛋黃，將 1/4 顆過篩，
放在 5 倍粥上。

雞鬆蔬菜
燉豆腐

材料
高湯（P13）　4 大匙／雞里肌　10g
紅蘿蔔　10g ／四季豆　5g
嫩豆腐　20g
太白粉水　少許

作法
1. 里肌肉去筋後煮熟。把肉撕開，弄碎。
2. 把削了皮的紅蘿蔔、四季豆煮軟，切
   成小丁。豆腐切成 5mm 的小塊。
3. 把高湯、1 和 2 倒入鍋內稍微加熱，
   再以太白粉水勾芡。

Memo
如果要給寶寶吃蛋，
先從煮熟的蛋黃開始。
要仔細觀察寶寶食用後的反應，再
斟酌給予的份量。

5 倍粥

材料

白飯和水的比例為 1：4
（每一次的食量大約是
50 ~ 80g）

作法

1. 把白米和水倒入鍋內，蓋上
   鍋蓋，點火加熱。

2. 煮滾後轉小火，並打開鍋蓋，
   再煮 15 分鐘。

鮭魚菠菜
燉奶油

材料

鮭魚　10g ／菠菜　5g
洋蔥　20g ／蔬菜湯（P17）4 大匙
白醬（P28）1 大匙

作法

1. 剔除鮭魚的骨頭和魚皮，煮熟後，將魚肉搗碎。

2. 菠菜和洋蔥切末，煮熟。

3. 把 1.2 放入鍋內，與蔬菜湯一起加熱。

4. 最後加入白醬以增添濃稠度。

豆漿吐司粥

材料

吐司（白色部分）20g
豆漿（無糖原味）4 大匙

作法

1. 把吐司撕成小塊後放入鍋內，再倒入
   豆漿浸泡片刻。點火加熱。

2. 煮軟後，將鍋蓋打開一點點，燜一下。

南瓜沙拉

材料

南瓜　20g ／綠花椰菜的花　10g
原味優格　1 大匙

作法

1. 把削皮的南瓜切成 5mm 的小塊，
   煮熟。綠花椰菜汆燙後切碎。

2. 把 1 混入原味優格就 OK 了。

起士吐司粥
材料
吐司(白色部分) 15g
水 4大匙/起士粉 少許
作法
1. 吐司撕碎後先泡水,再以微波爐加熱。
2. 蓋上鍋蓋,將鍋內的吐司蒸軟。取出後
   撒上起士粉,攪拌均勻即可。

綠花椰菜
豆漿濃湯
材料
綠花椰菜的花 10g /紅蘿蔔 5g
洋蔥 5g /馬鈴薯 5g
豆漿 3大匙
作法
1. 把綠花椰菜煮軟,搗碎。
2. 把削皮的紅蘿蔔和洋蔥切成碎丁,
   馬鈴薯削皮後切成5mm的小塊煮熟。
3. 將豆漿倒入鍋內加熱,再放入1和2燉煮。

雞絞肉
蕪菁羹湯
材料
蔬菜湯(P17) 4大匙
雞里肌的絞肉 15g
蕪菁 20g /蕪菁的嫩菜 5g
太白粉水 少許
作法
1. 雞絞肉汆燙備用。
2. 蕪菁削皮後切成5mm的小塊,
   蕪菁菜切碎。
3. 把1和2倒入蔬菜湯煮至軟,
   再以太白粉水勾芡。

馬鈴薯沙拉

材料
馬鈴薯　30g ／紅蘿蔔　10g
洋蔥　10g
原味優格　1 大匙

作法
1. 馬鈴薯削皮後，切成 5mm 的小塊；
　 將削皮的紅蘿蔔和洋蔥切成粗末，煮軟。
2. 把 1 混入優格內拌勻。

Memo
優格的份量要依照蔬菜的
水份含量適度調整。

烏龍麵羹

材料
熟烏龍麵　40g
高湯（P13）1/2 杯
太白粉水　少許

作法
1. 將烏龍麵切成約 5mm 的小段，
　 用高湯煮開。
2. 煮到用舌頭即可壓扁的軟硬度，再倒入
　 太白粉水勾芡。

南瓜
煮雞鬆

材料
高湯（P13）4 大匙／雞里肌絞肉　10g
南瓜　10g ／四季豆　5g

作法
1. 雞絞肉汆燙備用。
2. 南瓜削皮後，和四季豆一起煮熟。將南瓜
　 搗成粗泥，四季豆切碎。
3. 把高湯倒入鍋中煮開，加入 1 和 2 再煮
　 一下即可。

蛋黃粥

材料

5 倍粥（P36） 50g

蛋黃 1/5 顆／熱水 適量

作法

1. 取出水煮蛋的蛋黃，以熱水稀釋。

2. 把 1 加入 5 倍粥攪拌均勻。

菠菜豆腐煮紅蘿蔔

材料

高湯（P13） 4 大匙／嫩豆腐 30g

菠菜 10g ／紅蘿蔔 10g

作法

1. 把豆腐切成 5mm 的小塊。菠菜和削皮的紅蘿蔔以微波爐加熱後，切碎。

2. 把高湯和 1 倒進鍋內，略為煮過即可。

南瓜奶油燉菜

材料

5 倍粥（P36） 60g

雞里肌的絞肉 15g

紅蘿蔔 10g ／馬鈴薯 10g

綠花菜的花穗 5g ／蔬菜湯（P17） 2 大匙

南瓜脆片 5g（或煮熟的南瓜 10g）

牛奶（或沖泡好的配方奶） 1.5 大匙

作法

1. 絞肉汆燙備用。

2. 把削皮的紅蘿蔔和馬鈴薯、綠花菜煮熟，切成粗末。

3. 將 1 和 2 放入蔬菜湯內加熱，再加入南瓜脆片和牛奶，煮到質地的稠度增加。

4. 把 3 淋在 5 倍粥上。

Memo

如果買不到南瓜脆片，就改用煮熟的南瓜泥。

雞茸
玉米粥

材料
雞里肌的絞肉　15g
紅蘿蔔　10g／豌豆　5g
5 倍粥　50g／蔬菜湯（P17）　3 大匙
奶油玉米粒　20g

作法
1. 豌豆汆燙後，剝去外層的薄皮、切碎。
2. 紅蘿蔔削皮後，煮熟再切碎。絞肉汆燙備用。
3. 把蔬菜湯倒入鍋內加熱，再放入 1、2 和 5 倍粥。接著加入玉米粒略微煮過。

Memo
如果使用現成的三色蔬菜，
豌豆已經事先去皮，
所以只要和紅蘿蔔、
玉米粒一起切碎就好了。

納豆粥

材料
5 倍粥（P36）　50g
切碎的納豆　12g

作法
將熱水倒入切碎的納豆。
瀝乾水分後，混入 5 倍粥。

鮭魚
小松菜羹

材料
高湯（P13）4 大匙／鮭魚　10g
小松菜　15g
太白粉水　少許

作法
1. 剔除鮭魚的骨頭和魚皮。煮熟後，再將魚肉搗碎，小松菜切碎。
2. 把高湯倒進鍋內煮開，加入 1，再以太白粉水勾芡。

白肉魚粥

材料
5 倍粥（P36） 50g
白肉魚片（真鯛、鰈魚、比目魚等） 10g
作法
把汆燙過的白肉魚用叉子或手撕成小塊，混入 5 倍
粥即可。

黃豆粉優格

材料
原味優格 2 大匙
黃豆粉 1 撮
作法
將黃豆粉撒在優格上，要吃前攪拌均勻。

南瓜地瓜
蘋果泥

材料
南瓜 15g ／地瓜 20g
蘋果 5g ／蔬菜湯（P17） 4 ～ 5 大匙
作法
1. 南瓜和地瓜削皮後，分別切成小塊。
2. 用蔬菜湯把 1 煮軟。如果湯汁不夠，可再加點蔬菜
湯。
3. 加入削皮的蘋果泥，煮到湯汁收乾。

Memo
蔬菜湯的份量必須依照
根莖類蔬菜的水分增減。

地瓜飯

材料

5 倍粥（P36）　50g

地瓜　20g

作法

地瓜削皮後，煮熟。搗成泥後，拌入 5 倍粥。

湯豆腐

材料

水　1杯／昆布　2～3g

嫩豆腐　30g／蔥花　少許

作法

1. 把水、昆布、蔥花放進鍋內加熱。
2. 煮到蔥花的香味消失後，放入切成小塊的豆腐。從鍋內取出昆布。

Memo

餵寶寶時會用湯匙切成小塊，所以煮的時候切得大塊一點無妨。

鮭魚馬鈴薯什錦粥

材料

5 倍粥（P36）　50g／生鮭魚　15g

馬鈴薯　15g

綠花椰菜的花　10g

高湯（P13）　1/2 杯

作法

1. 剔除鮭魚的骨頭和魚皮，把魚肉煮熟，撕成小塊。
2. 馬鈴薯削皮後，切成 5mm 的小塊。把綠花椰菜也切碎。
3. 以高湯煮軟 2，再加入 1 和 5 倍粥，煮到沸騰。

Memo

如果把高湯換成蔬菜湯，再撒一點點起士粉，就變成西式燉飯了。

5 倍粥

參照 P36。

小松菜豆漿
燉豆腐

材料

蔬菜湯（P17） 3 大匙
豆漿（無糖原味） 3 大匙
嫩豆腐 30g ／小松菜 10g

作法

把蔬菜湯和豆漿倒進鍋內煮開，再加入切成小塊的
豆腐和切碎的小松菜煮熟。

雞茸
玉米湯

材料

水 1/4 杯／奶油玉米粒 30g
雞里肌的絞肉 15g
紅蘿蔔 10g

作法

1. 紅蘿蔔削皮後，煮熟再切成粗丁。絞肉汆燙備用。
2. 將水、奶油玉米粒、1 放進鍋內，煮到質地變得
   濃稠即可。

柴魚魚片粥

材料
5 倍粥（P36） 50g
生白肉魚片（真鯛、鰈魚、
比目魚等） 10g ／柴魚片 少許
作法
將白肉魚氽燙後，撕成小塊。再和
柴魚片一起拌入 5 倍粥。

高湯燴蔬菜

材料
高湯（P13）4 大匙
喜歡的蔬菜（紅蘿蔔、洋蔥、
小松菜等） 混合在一起 30g
太白粉水 少許
作法
1. 將蔬菜各別切成容易入口的大小，
   煮熟。
2. 把鍋內的高湯煮開，加入 1，
   再以太白粉水勾芡。

Chieko's Memory
柴魚片的香味好像讓寶寶
食欲大開呢。一樣是煮粥，
我也嘗試了各種變化；
除了基本的白粥，也煮過
勾了芡的粥、加了很多
配料的什錦粥。

蔬菜雞茸羹

材料
5 倍粥（P36） 50g ／高湯（P13）1/2 杯
紅蘿蔔 10g ／白菜的嫩葉 10g
雞里肌的絞肉 10g
太白粉水 少許
作法
1. 將白菜和紅蘿蔔切碎。
2. 把高湯倒進鍋內煮開，再放入 1 和絞肉；
   煮熟後，以太白粉水勾芡。
3. 盛好 5 倍粥，再放上 2。

優格蘋果泥

材料
蘋果 10g
原味優格 2 大匙
作法
1. 把蘋果磨成泥，微波加熱。
2. 放涼後，加入優格攪拌。

Memo
我選的是原味優格，
而且使用前不加熱。

5 倍粥

參照 P36。

紅蘿蔔
涼拌納豆

材料
紅蘿蔔　15g ／攪拌過的納豆　15g
高湯（P13）1 大匙
作法
1. 將紅蘿蔔切成 2～3mm 的小丁，煮軟。
2. 把熱水倒入切碎的納豆並瀝乾水分。
3. 混合 1 和 2，再倒入高湯拌勻。

蕪菁濃湯

材料
蕪菁　10g ／蕪菁葉　5g
蔬菜湯（P17）1/4 杯
牛奶（或沖泡好的配方奶）2 大匙
作法
1. 蕪菁削皮後，切成 5mm 的小塊。蕪菁葉切碎後，
　汆燙至軟。
2. 把蔬菜湯倒入鍋內加熱，再加進 1 燉煮。最後加
　入牛奶，略煮即可。

Chieko's Memory
記得寶寶首度嘗試納豆的時候
臉上出現了「？」的表情，
不過之後還是一口接一口的吃光
了。我和我先生都喜歡吃納豆，
所以很高興寶寶也願意捧場。

5 倍粥

參照 P36。

凍豆腐
煮蔬菜

材料
高湯（P13）3 大匙
凍豆腐（乾燥）2g
紅蘿蔔　10g ／小松菜　5g

作法
1. 把凍豆腐浸泡在溫水裡。並輕輕將水分擰乾。切成 5mm 的小塊。
2. 把汆燙過的紅蘿蔔和小松菜切末。
3. 把高湯倒進鍋內加熱，加入 1 和 2 燉煮。

芋頭牛奶濃湯

材料
蔬菜湯（P17）　4 大匙
牛奶（或沖泡好的配方奶）　1.5 大匙
芋頭　20g

作法
1. 芋頭削皮後，放入即將沸騰的滾水裡搓洗 5 分鐘，把黏液洗掉。
2. 把蔬菜湯和牛奶倒進鍋內煮沸，再加入 1，邊煮邊搗碎。

Memo

凍豆腐泡水後，重量大約會
增加成原來的 6 倍。
所以 2g 的乾燥凍豆腐，
大約會增加為 12g。

豆腐醬焗烤鮭魚

材料
5 倍粥　50g ／鮭魚　10g ／嫩豆腐　20g
嬰幼兒專用高湯醬油　1 滴
起士粉　少許／海苔粉　少許

作法
1. 剔除鮭魚的骨頭和魚皮，把魚肉煮熟。撕成小塊。
2. 瀝乾豆腐的水分後搗碎，再以嬰幼兒專用的高湯醬油調味。
3. 將 5 倍粥和 1 混合均勻，再淋上 2 和起士粉。放進烤箱（或小烤箱）烤到上色。
4. 撒上海苔粉，餵食前攪拌均勻。
※ 嬰幼兒專用高湯醬油的鹽分較低，味道溫和。

菠菜洋蔥湯

材料
蔬菜湯（P17）　3 大匙／菠菜　10g ／洋蔥　10g
作法
1. 汆燙菠菜和洋蔥，再切成粗末。
2. 加熱蔬菜湯，再放入 1 稍微煮過。

草莓優格

材料
原味優格　2 大匙
草莓　1 顆
作法
將草莓搗成泥後，放入微波爐加熱。拌入優格即可。

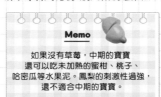

Memo
如果沒有草莓，中期的寶寶
還可以吃未加熱的蜜柑、桃子、
哈密瓜等水果泥。鳳梨的刺激性過強，
還不適合中期的寶寶。

Column

特殊節日的菜單 1

初期時
迎接人生首度的
萬聖節

南瓜湯

Chieko's Memory
我用的是 Oisix 的少籤南瓜，
帶有自然的甜味，
所以女兒好像覺得很好吃，
接受度很高。

材料
南瓜　10 g
蔬菜湯（P17）　1 大匙
作法
1. 南瓜削皮（除了裝飾用的部分），煮熟、搗成泥。
2. 把南瓜加入高湯，煮開。
3. 用南瓜皮刻出眼睛、鼻子、嘴巴。
　把南瓜皮放入微波爐加熱後，放在湯裡。
※ 南瓜皮純粹為裝飾用，請不要餵寶寶吃喔。

在中期
慶祝快樂的
聖誕節

吐司粥

材料
吐司（白色部分）　15 g
水　3 大匙
作法
把撕碎的吐司放進鍋內，
加水浸泡片刻。點火加熱，
煮到變軟。

白肉魚奶油燉湯

材料
白肉魚片（真鯛、鰈魚、比目魚等）　10 g
紅蘿蔔　10g ／洋蔥　10g ／花椰菜的花　5 g
蔬菜湯（P17）　2/5 杯／白醬（P28）　1 大匙
作法
1. 白肉魚煮熟後搗碎。
2. 紅蘿蔔削皮後，將一半的份量磨成泥。
　剩下的紅蘿蔔、洋蔥、綠花椰菜切末。
3. 把 1、2 和蔬菜湯倒進鍋內，煮到食材用舌頭即可壓碎
　的程度，再淋上白醬即可。

後期

〔9 ～ 11 個月大左右〕

這個時期的寶寶除了一天要吃 3 頓離乳食，

生活作息和營養均衡方面等，也多了一些必須留意的重點。

挑食、厭食等各種頭痛的問題，也在這個時候出現了。

上述這些行為很容易讓媽媽瀕臨抓狂，但遇到這種時候，

請妳先做個深呼吸！

提醒自己要用更多包容的心，呵護孩子成長。

羊栖菜粥

材料
羊栖菜　1 撮／4 倍粥　40g

作法
羊栖菜用水泡開。煮軟後，切末。拌入 4 倍粥（P58）。

鮭魚馬鈴薯

Memo
如果加一點點無鹽奶油，
口感會更加滑順喔。

材料
鮭魚　15g ／馬鈴薯　40g
蔬菜湯（P17）或高湯（P13）　5 ～ 6 大匙

作法
1. 剔除鮭魚的骨頭和魚皮，把魚肉煮熟，撕成小塊。
2. 馬鈴薯削皮後，切成 5mm 的小塊，煮熟。
3. 混合 1 和 2，煮到容易入口的軟硬度。最後依照
   成品的情況，以適量的蔬菜湯稀釋。

清燙蔬菜棒佐味噌豆腐

材料
紅蘿蔔 15g ／白蘿蔔　15g ／嫩豆腐　20g ／味噌（沒有添加高湯的種類）　1g
作法
1. 把削皮的紅蘿蔔和白蘿蔔切成棒狀，煮熟。
2. 豆腐微波加熱後，搗成泥。拌入味噌。以 1 蘸食。

Memo
我用的菠菜是
製作生菜沙拉的種類，
比較沒有澀味。
吐司可以切成條狀，
或撕成小塊，
讓寶寶更容易入口喔。

菠菜麵包

材料（吐司磚 1 條的份量）
高筋麵粉　250g ／無鹽奶油　10g ／砂糖　1 大匙
牛奶　1/2 杯／水　1/4 杯／鹽　1 小匙
菠菜粉　1 大匙
新鮮菠菜　40g ／酵母粉　3 小匙
作法
※ 這是家用麵包機（P90）的作法。我把烤出來的色澤設定成「淡」。
請依照手邊的機種調整。
1. 把材料裝進麵包盒（除了生菠菜），按下烤吐司麵包的選項。
2. 將汆燙過的菠菜放入冷水降溫。瀝乾水分後，切成 4 ～ 5cm 的小段。
3. 等到計時器鈴聲響起，加入 2。

香蕉優格

材料
小型香蕉　1 條
原味優格　40g
作法
把香蕉切成容易食用的大小，放在克菲爾
優格上。

地瓜玉米湯

材料

地瓜 20g ／奶油玉米粒 20g

牛奶 1/4 杯／海苔 少許

作法

1. 把地瓜切成 5mm 的小塊，煮熟。

2. 以小火加熱奶油玉米粒和牛奶，再加入 1 一起煮。最後撒上海苔粉。

高麗菜吻仔魚
起士餅

材料

麵粉（或者山藥粉） 30g ／水 1 又 1/3 匙

高麗菜 15g ／起士片 1/4 片／丁香魚乾 1 小匙

綠花椰菜 2 小朵／紅蘿蔔 5g

作法

1. 用熱水燙過吻仔魚乾，以去除鹽分。然後切碎。

2. 把水、高麗菜絲、起士碎片和 1 加入麵粉，攪拌並型形後，放入平底鍋，
   將兩面煎熟。

3. 在旁邊擺上水煮的綠花椰菜和紅蘿蔔薄片就完成了。

Chieko's Memory
女兒用手抓著吃到一半時，
突然伸給我，一副媽媽你也要吃
嗎？的模樣。我假裝吃了一口，
對她說「嗯，好好吃喔」以後，
她很開心的笑了，接著繼續吃。
保持愉快的笑容進餐，
真的很重要呢。

高湯燉南瓜

材料
南瓜　20g／蔬菜湯（P17）　4 大匙

作法
南瓜削皮後，切成 1cm 的小塊。以微波爐加熱後，
放進蔬菜湯煮。

先讓寶寶習慣
雞胸肉和牛肉。豬肉等到
滿 10 個月大以後再嘗試。

Memo

鮭魚飯

材料
4 倍粥　80g（參照 P58）／鮭魚　10g

作法
剔除鮭魚的骨頭和魚皮，把魚肉煮熟。撕成小塊後，拌入 4 倍
粥（參照 P58）。

蕪菁
絞肉羹

材料
高湯　3/4 杯／蕪菁　20g
絞肉（雞肉或豬瘦肉）　5g
嬰幼兒專用高湯醬油　1 滴／太白粉水　少許

作法
1. 蕪菁削皮後，切成 7 ~ 8mm 的小塊。
2. 把高湯、嬰幼兒專用高湯醬油、1 和絞肉放入鍋內加熱，
　　再以太白粉水勾芡。

天然酵母
法式吐司

材料

天然酵母吐司　25g ／南瓜　20g

砂糖　少許／牛奶　1.5 大匙／沙拉油　少許

綠花椰菜　2 小朵

作法

1. 把吐司切成一口大小。

2. 將南瓜削皮、煮熟和搗碎。再以砂糖和牛奶調味。

3. 把 1 浸泡在 2 內，再放進熱好的平底鍋油煎。

4. 搭配水煮的綠花椰菜即可。

肉丸義式蕃茄
蔬菜湯

材料

蕃茄汁（無鹽）　1.5 大匙

蔬菜湯（P17）　1 杯／絞肉（雞肉或豬瘦肉）　15g

豆腐　15g ／太白粉　少許／高麗菜　10g

馬鈴薯　10g

作法

1. 將絞肉、豆腐、太白粉混合攪拌，捏成肉丸。

2. 把高麗菜和馬鈴薯切成容易食用的大小。

3. 將蕃茄汁和蔬菜湯倒進鍋內煮開，再放入 1 和 2 煮軟。

小魚乾菠菜炒飯

材料
高湯（P13） 4大匙／小魚乾 3g
菠菜 10g／紅蘿蔔 10g／4倍粥 80g
作法
1. 用熱水燙過小魚乾，以去除鹽分，切碎。
2. 把菠菜剁碎，紅蘿蔔削皮後，切末。
3. 把高湯倒進鍋內煮開，加入1和2；煮軟後，加入4倍粥。

馬鈴薯牛奶濃湯

材料
蔬菜湯（P17） 2大匙
牛奶（或沖泡好的配方奶） 2大匙／馬鈴薯 20g
作法
1. 馬鈴薯削皮、煮熟再搗成泥。
2. 把蔬菜湯和牛奶倒進鍋內加熱，再加入1煮到濃稠。

蒸雞肉佐芝麻豆腐醬

材料
雞胸肉（去皮） 15g／鹽 一點點／醋 少許／嫩豆腐 10g
白芝麻醬 少許／小黃瓜（去籽和削皮） 15g／番茄 5g
作法
1. 用鹽和醋把雞肉稍微醃過，再放進微波爐加熱。取出後，
   將雞肉撕成細絲。
2. 豆腐微波加熱後搗碎，拌入芝麻醬。
3. 將小黃瓜切成條，好方便寶寶用手抓著吃。切好後，下水略微汆燙。
   番茄汆燙後去皮，切成易入口大小。
4. 把2淋在1上，在旁邊放上3。

Memo
習慣雞里肌肉以後，可嘗試
雞胸肉。若要使用雞腿肉，
記得去皮。

雞絞肉
豆腐丸子
佐菠菜

材料
雞絞肉　15g／板豆腐　15g／太白粉　少許
醬油　1滴／菠菜　10g／高湯（P13）　1杯
作法
1. 把豆腐、太白粉、醬油加入絞肉攪拌，搓成肉丸。
2. 把菠菜切成容易食用的大小。
3. 用高湯將 1 和 2 煮熟。

根莖類蔬菜味噌湯

材料
紅蘿蔔　10g
白蘿蔔　10g
蓮藕　10g
高湯（P13）　1/2 杯
味噌　1/4 小匙
作法
1. 紅蘿蔔、白蘿蔔、蓮藕削皮後，
切成略小的短薄片。
2. 把高湯煮開後，放入 1；煮軟後，
加入味噌攪拌均勻。

地瓜飯

材料
白飯　60g／水　4 大匙／地瓜　15g
作法
1. 地瓜削皮後，切成 1cm 的小塊，
煮熟。
2. 把 1 拌入白飯，加些水放入微波
爐加熱（後期前半段的寶寶用 4 倍
粥取代白飯）即可。

馬鈴薯沙拉

材料
馬鈴薯　10g ／紅蘿蔔　10g ／小黃瓜　10g
黃豆美奶滋（未添加蛋）　1/3 小匙／牛奶　少許
作法
1. 馬鈴薯煮軟後搗成泥；紅蘿蔔切成短薄片再煮熟；
　 小黃瓜削皮後，切成薄片。
2. 用黃豆美奶滋和牛奶把 1 拌勻。

蠶豆 奶油濃湯

材料
蠶豆　2 ~ 3 粒／蔬菜湯（P17）　1 杯
白醬（P28）　1 大匙／麵包丁　少許
作法
1. 把蠶豆煮熟後，剝去外層的薄皮再搗成豆泥。
2. 把蔬菜湯和白醬加入 1，煮到質地變為濃稠。放上麵包丁
　 裝飾。

> **Memo**
> 我用的麵包丁，是把切成
> 5mm 小塊的吐司，
> 放在平底鍋炒過的自製品。
> 味道很好，所以請大家不妨
> 也動手試試看！

軟飯

材料
白米和水的比例為 1：2
（每一次的食量大約是 80g）
作法
把白米和水倒入鍋內，點火加熱。"
沸騰後蓋上鍋蓋煮到軟。

> **Memo**
> 羊栖菜泡水後，大約會膨脹
> 為原來的 8 倍，所以只要
> 準備 1 小撮就夠了。

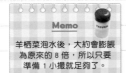

羊栖菜 雞肉漢堡排

材料
雞絞肉　15g ／板豆腐　15g ／太白粉　少許／羊栖菜　1 撮
醬油　1 滴／喜歡的蔬菜（這次用的是四季豆和香菇）適量
高湯（P13）　2 大匙／太白粉水　少許／油　一點點
作法
1. 羊栖菜用水泡開後切碎。瀝乾板豆腐多餘的水分。
2. 混合絞肉、1、太白粉和醬油。塑形後，放入熱好的油鍋燜煎。
3. 盡可能把蔬菜切碎，煮軟後加入高湯，再以太白粉水勾芡。
4. 把 3 的蔬菜羹淋在 2 上就完成了。

4 倍粥（稠粥）

材料
白米和水的比例為 1：3
（每一次的食量大約是 70g）
作法
把白飯和水倒入鍋內，點火加熱。沸騰後，蓋上鍋蓋，直到煮軟。

奶油玉米湯

材料
奶油玉米粒　30g ／蔬菜湯（P17）　2 大匙
牛奶　2 大匙／海苔　少許
作法
把玉米粒、牛奶、蔬菜湯倒進鍋內加熱。攪拌均勻之後，撒上海苔粉。

Memo
調味料的份量請斟酌使用，
才不會讓料理變得太鹹。

麻婆風味
雞茸豆腐

材料
長蔥　1cm ／雞絞肉　15g ／嫩豆腐　40g
高湯（P13）　1/2 杯／嬰幼兒專用高湯醬油 ※1 ～ 2 滴
味噌（無添加高湯的種類）　1/8 小匙
作法
1. 把長蔥切成粗丁，豆腐切成容易食用的大小。
2. 把高湯倒進鍋內加熱，加入 1 和絞肉煮熟。再加入嬰幼兒專用高湯醬油和味噌調味。
※ 如果沒有嬰幼兒專用高湯醬油，就改用普通醬油 1 滴。

青菜羹湯

材料
菠菜　15g ／紅蘿蔔　15g
蔬菜湯（P17）　2 大匙／太白粉水　少許／沙拉油　少量
作法
1. 菠菜汆燙後，切成容易食用的大小。紅蘿蔔削皮後，切成略小的短薄片。
2. 在平底鍋裡倒入薄薄一層油，放入 1 拌炒後，倒入蔬菜湯。等到紅蘿蔔變軟，再以太白粉水勾芡。

小魚乾
蔬菜味噌炒飯

材料
白飯　50g ／小魚乾　1/2 小匙
紅蘿蔔　10g ／洋蔥　10g ／蔥段　2cm
麻油　少許／水　1/4 杯／味噌　適量

作法
1. 小魚乾用熱水燙過，以去除多餘的鹽分。
2. 紅蘿蔔削皮後切成短薄片，洋蔥切成 5mm 的小丁，
   蔥段切成蔥花。
3. 用麻油拌炒 1 和 2，再加入水、味噌和白飯，煮到湯
   汁收乾。

Chieko's Memory
給寶寶吃蒸麵包的時候，我
會先切成指頭大小
（1cm 左右的小塊）。

羊栖菜
起士蒸麵包&
蠶豆蒸麵包

材料
鬆餅粉　3 大匙／牛奶　2 大匙
羊栖菜　1 撮／起士片　1/4 片
水煮蠶豆　1～2 顆／紅蘿蔔泥　5g

作法
1. 羊栖菜用水泡開後切碎。起士片切碎。
2. 剝去蠶豆的薄皮，切碎。
3. 將牛奶倒進鬆餅粉，仔細攪拌後，分
   為 2 等份，裝入耐熱容器。
4. 把 1 裝入第一個容器，在另一個容器內放
   入 2 和紅蘿蔔泥，分別攪拌均勻。
5. 把容器放進裝了水的鍋子，蒸約 12 分鐘。

草莓優格

材料
草莓 2粒／原味優格 40g

作法
去除草莓的蒂頭，切成方便食用的大小。拌入原味優格。

蒸蔬菜

材料
南瓜 10g／地瓜 10g
綠花菜 10g／高湯（P13） 2小匙

作法
把削皮的南瓜和地瓜、綠花菜，切成容易入口的大小。放
入耐熱容器（不要重疊）後，先淋上高湯，再用保鮮膜包
起來，放進微波爐加熱。

4倍粥

參照 P58。

奶油雞球

材料
雞絞肉 15g／板豆腐 15g／太白粉 少許／醬油 1滴
蔬菜湯（P17） 1/2杯／白醬（P28） 1大匙

作法
1. 把豆腐、太白粉、醬油加入絞肉攪拌，搓成肉丸。
2. 將蔬菜湯煮開，再放入1；煮熟後，加入白醬繼續煮。

Memo
請依照白醬的濃度，自行
增減蔬菜湯的份量喔。

4 倍粥

參照 P58。

玉米蛋花湯

材料
奶油玉米粒　30g ／牛奶　2 大匙／蔬菜湯　2 大匙
蛋黃　1/2 個
作法
1. 把玉米粒放入牛奶和蔬菜湯煮開，再加入打散的蛋黃煮熟。

Memo
如果沒有小番茄，改用大番茄也可以。

羊栖菜豆腐照燒漢堡排佐小松菜

材料（8 ~ 10 餐份）
羊栖菜　1 撮／板豆腐　15g ／豬絞肉　15g ／鹽　一點點／麻油　少許／高湯（P13）1/5 杯
小松菜　15g ／醬油　少許／太白粉水　少許／小番茄　1 個（10g）
作法
1. 羊栖菜用水泡開後，切碎。把小松菜切成容易入口的大小。
2. 將羊栖菜、豆腐、絞肉、鹽和在一起。攪拌成形後，以平底鍋加熱麻油，
　 並把兩面煎熟。
3. 高湯煮滾後，放入小松菜，蓋上鍋蓋燜煮。
4. 煮到湯汁變少後，加醬油調味，再以太白粉水勾芡。
5. 蕃茄用熱水燙過，剝皮。去籽，切碎。最後放在漢堡上當作裝飾。

地瓜紅蘿蔔
優格沙拉

材料
地瓜　10g ／紅蘿蔔　5g ／原味優格　20g
作法
1. 地瓜和紅蘿蔔削皮後，切成 5mm 的小塊。煮軟。
2. 把 1 拌入優格。

蔬菜雞肉
炊飯

材料
雞絞肉　15g ／高湯（P13）　1/2 杯／蓮藕　5g
牛蒡　5g ／白飯　60g ／嬰幼兒專用高湯醬油　1 滴
作法
1. 蓮藕和牛蒡削皮後，泡水。去除澀味後汆燙至熟，再切成
   1.5cm 的細絲。
2. 把高湯倒進鍋內煮開，再放入雞絞肉。煮熟後，加入 1 煮軟。
3. 放入白飯和嬰幼兒專用高湯醬油，煮到湯汁收乾。

青菜豆腐羹

材料
菠菜　10g ／嫩豆腐　20g
高湯（P13）　2 大匙／太白粉水　少許
作法
1. 將菠菜和豆腐切成適當的大小，煮熟。
2. 把高湯煮開，再以太白粉水勾芡。最後把羹湯
   淋在 1 上。

烤吐司

材料
吐司　25g

作法
將吐司切成適當的大小，放進
小烤箱稍微烤過即可。

義式蔬菜湯

材料
馬鈴薯　10g／紅蘿蔔　10g
洋蔥　10g／櫛瓜　10g／無鹽蕃茄汁　2 小匙
蔬菜湯（P17）3/4 杯

作法
1. 蕃茄去皮、去籽後切成粗塊；放進蔬菜湯煮熟後，搗成泥。
2. 馬鈴薯削皮後，切成 1cm 的小塊；削皮的紅蘿蔔、洋蔥、
　 櫛瓜切成 5mm 的小塊，煮熟。
3. 把 2 加入 1，略微煮過即可。

鮪魚高麗菜清炒義大利麵

材料
義大利麵（20g）／鮪魚（水煮）10g
高麗菜　15g／義大利麵的煮麵水　4 大匙
嬰幼兒專用雞湯粉　一點點／凍豆腐　2g

作法
1. 把義大利麵折成 2cm 的小段，煮熟。煮麵水放在一旁備用。
2. 把鮪魚用熱水燙過，去除多餘的油脂。高麗菜切成容易入口的
　 大小。
3. 把 1、2、煮麵水和雞湯粉倒入平底鍋，再加入高麗菜，炒到軟。
4. 把磨成泥的凍豆腐加入 3，增加濃稠度。

紅蘿蔔香蕉
豆漿風味蒸麵包

材料

鬆餅粉　1.5 大匙／豆漿　1 大匙

紅蘿蔔　5g／香蕉　5g

作法

1. 把紅蘿蔔磨成泥，香蕉切成小塊。

2. 把豆漿和1混入鬆餅粉，攪拌均勻後，裝
   入杯內。最後放進微波爐加熱約1分鐘。

Chieko's Memory
平常用的鬆餅粉剛好
用完了,所以這次改用麵粉來做。
我用的是 Nordic Ware 的鬆餅
鍋,烤出來的煎餅每一塊都是小
小的。可說再適合用手
抓東西吃的寶寶不過了。

Memo
牛奶的份量可依照自己偏好
的軟硬程度增減。

南瓜牛奶
鬆餅

材料
麵粉 150g /發粉 1 小匙半
砂糖 1/2 ~ 1 大匙/牛奶 1 杯
鹽 一點點/煮熟的南瓜泥 1/4 個
煮熟的紅蘿蔔泥 1/4 條
作法
混合所有的材料。和勻後,放入平底鍋煎得軟軟的。
喜歡的話,添上幾塊香蕉。

鮭魚小松菜
豆漿奶油義大利麵

材料
義大利麵 20g /無鹽奶油 少許/鮭魚 15g
洋蔥 15g /小松菜 15g /豆漿 2 大匙
牛奶 2 大匙/蔬菜湯(P17) 2 大匙
作法
1. 剔除鮭魚的骨頭和魚皮,把魚肉煮熟。撕成小塊。
2. 將洋蔥切末,小松菜切成容易食用的大小。
3. 把義大利麵折成 2cm 的小段,煮軟。
4. 把奶油放進平底鍋,待奶油熱溶,放入 1 和 2 拌炒。
5. 等到洋蔥變成透明,加入蔬菜湯、牛奶、豆漿和 3 繼
   續煮。

牛奶吐司

材料
牛奶麵包　30g
作法
把吐司切成容易入口的大小。

蘋果棒

材料
蘋果　24g
作法
蘋果削皮,再切成容易讓寶寶用手抓著吃的條狀即可。

Memo

這款牛奶吐司也是利用家用
麵包機烤出來的成品。
如果介意烤出來的麵包邊不
是很整齊,把它浸在
牛奶裡就看不出來了。

雞茸蔬菜
玉米湯

材料
雞絞肉　15g／青椒　10g／紅蘿蔔　10g
蔬菜湯(P17)　1/4 杯／奶油玉米粒　20g
作法
1. 雞絞肉汆燙備用,把青椒和削皮的紅蘿蔔切成 5mm 的小塊。
2. 用蔬菜湯把 1 煮開,再加入奶油玉米粒,煮到質地轉為濃稠。

4 倍粥

參照 P58。

牛奶
地瓜泥

材料
地瓜 20g ／洋蔥　10g
蔬菜湯（P17）　4 大匙／牛奶　1.5 大匙

作法
1. 把削皮的地瓜和洋蔥切成大塊，煮熟。
2. 加熱蔬菜湯，再加入 1，邊煮邊搗碎。
3. 最後倒入牛奶，稍微煮一下就完成了。

青椒
煮牛肉

材料
瘦牛肉　10g ／青椒　10g ／紅蘿蔔　5g
高湯（P13）　4 大匙／嬰幼兒專用高湯醬油　1 滴
太白粉水　少許

作法
1. 牛肉汆燙後切成細絲。把削皮的紅蘿蔔和青椒都
　 切成 5mm 的小塊。
2. 煮開高湯後，加入 1。等到紅蘿蔔變軟，加入高湯
　 醬油和太白粉水。

白醬鮭魚

材料
鮭魚　5g ／白醬（P28）　2 小匙

作法
1. 剔除鮭魚的骨頭和魚皮，把魚肉煮熟。撕成小塊。
2. 淋上白醬。

牛肉
牛蒡炊飯

材料

高湯（P13） 4 大匙／醬油 1 滴／牛蒡 10g
牛肉火鍋肉片 15g ／紅蘿蔔 10g
蔥段 1cm ／海苔絲 少許／ 4 倍粥 80g

作法

1. 將牛蒡切成 1.5cm 的細絲，泡水，以去除澀味。
   牛肉切成細絲。

2. 紅蘿蔔削皮後，切成粗末；蔥段切成蔥花，
   再放進鍋內爆香。

3. 把高湯、醬油、1 倒進鍋內加熱，煮滾後，撈出
   浮沫雜質，再放入 2 和 4 倍粥，煮到湯汁收乾。
   食用前撒上海苔絲，並仔細攪拌。

櫻花蝦
高麗菜日式煎餅

材料

櫻花蝦 5g ／高麗菜 15g ／麵粉 30g
高湯（P13） 1.5 大匙／沙拉油 少許
水煮綠花椰菜 15g

作法

1. 用熱水燙過櫻花蝦，去除多餘的鹽分後，切碎。
   高麗菜汆燙後，剁細。

2. 混合麵粉、高湯和 1，攪拌後捏成形。放進
   熱好的油鍋，將兩面煎熟。

3. 在旁邊放上綠花椰菜。

鮭魚綠花椰菜
牛奶燉飯

材料
4 倍粥　80g ／蔬菜湯（P17）4 大匙
牛奶　2 大匙／生鮭魚　15g
綠花椰菜　30g ／起士粉　少許

作法
1. 把剔除骨頭和魚皮的鮭魚、綠花菜切成
　 5mm 的小塊。
2. 把蔬菜湯和牛奶倒進鍋內加熱，再加入
　 1 煮熟。
3. 放入 4 倍粥和起士粉，煮滾就完成了。

Chieko's Memory
可能是豆腐 QQ 的彈性讓她中意，
寶寶很開心地吃得津津有味。
等到寶寶可以自己用手抓著吃以後，
菜單的變化又更豐富了。

QQ 豆腐鬆餅

材料（8 片份）
鬆餅粉　30g ／板豆腐　30g
牛奶　1 大匙／紅蘿蔔　20g ／沙拉油　少許

作法
1. 把豆腐搗成泥；紅蘿蔔削皮後磨成泥。
2. 混合鬆餅粉、牛奶和1。
3. 將少許沙拉油倒入平底鍋加熱，再把兩面煎熟。

Column

特殊節日的菜單 2

在中期
迎接
新年

蘋果地瓜團子

材料　地瓜　10g ／蘋果　5g
作法
1. 把地瓜的皮削掉厚一點，煮熟，搗碎後，過篩。
2. 把磨成泥的蘋果放進微波爐加熱，再稍微瀝乾水分。
3. 混合 1 和 2。用保鮮膜扭轉成球狀。

黃豆粉丸子粥

材料　5 倍粥　10g ／黃豆粉　少許
作法
用保鮮膜將 5 倍粥包起來，扭轉成球狀，再撒上黃豆粉。

南瓜優格團子

材料　南瓜　10g ／原味優格　1 小匙
作法
1. 搗碎煮熟的南瓜。
2. 拌入原味優格，再用保鮮膜包起來，扭轉成球狀。

Memo
寶寶要吃之前，
最好加點熱開水稀釋，
會更容易入口喔。

杯子壽司

材料
油菜花　15g
高湯（P13）　1 大匙
太白粉水　少許
4 倍粥　30g ／鮭魚　15g
蛋黃　1/4 個／
紅蘿蔔薄片　2 片
豌豆莢　1 個
作法
1. 剔除鮭魚的骨頭和魚皮，把魚肉煮熟。撕成小塊。
2. 用滾水把蛋煮到全熟，再取出蛋黃，搗碎後過篩。
3. 紅蘿蔔和豌豆莢刻花，煮熟。
4. 油菜花煮熟後切碎，用高湯煮開後，加入太白粉水勾芡。
5. 把 4 鋪在玻璃容器的底部，再依序填裝 4 倍粥和 1。
6. 將 2 和 3 放在 5 上面當作裝飾。

日式清湯

材料
高湯（P13）　4 大匙／乾燥海帶芽　1 撮
作法
1. 用熱水把乾燥海帶芽泡開，切碎。
2. 把高湯煮開，再加入 1 煮熟。

草莓寒天果凍

材料
水　3 大匙／寒天粉　1g ／牛奶　1/2 杯
砂糖　1 大匙／草莓　1 粒
作法
1. 把水和寒天粉倒進鍋內，點火加熱。
　沸騰後，攪拌 1～2 分鐘，使寒天粉徹底溶解。
2. 在 1 加入砂糖攪拌均勻，再放入微波加熱過的牛奶。
3. 把 2 倒進容器內，放進冰箱冷藏。成形後，將 1/5 的量切成菱形小塊。
4. 草莓洗淨後，去除蒂頭。切成容易入口的大小後，和 3 一起盛盤。

在後期
第一次度過
女兒節

Memo
寒天粉如果攪得不夠均勻，
果凍會無法順利凝固。
所以一定好仔細攪拌，
讓粉末完全溶解。

完成期

〔1歲～1歲6個月〕

每次將少量食物搗碎過篩的步驟，好像屬於很遙遠的記憶了。

寶寶接受的食材和食量也暴增了，差不多快要從離乳食畢業了！

而且小朋友開始有自己的意見，可能會想自己動手吃，

或者把食物拿在手上邊吃邊玩。

想到孩子即將脫離嬰兒期，

雖然內心感到一絲絲不捨，

但只要每天在餐桌前看到他的笑容，

一切都值得了。

蔬菜滿點的和風蕃茄湯

材料
高湯（P13） 1/2 杯／紅蘿蔔 10g ／洋蔥 10g
馬鈴薯 10g ／蕃茄 10g ／豌豆 2g

作法
1. 把削皮的紅蘿蔔和馬鈴薯切成 1cm 的小塊。

2. 蕃茄去皮、去籽後搗成泥。豌豆煮熟後，剝去外層的薄皮。

3. 把高湯倒入鍋內煮開，加入 1 和番茄。煮熟後，再加入豌豆。

Memo

加了洋蔥泥的漢堡排，
口感會變得更加軟嫩。

奶油飯

材料
軟飯 80g ／南瓜濃湯※ 1 大匙
熱水 1 大匙／海苔 少許

作法
將軟飯裝入耐熱容器，淋上以熱水稀釋的南瓜濃
湯，再放入微波爐加熱。取出後，攪拌均勻。
撒上海苔當作裝飾就完成了。

※ 所謂的南瓜濃湯是加了牛奶的南瓜泥。

雞肉漢堡排佐
白醬

材料
雞絞肉 20g ／太白粉 少許／醬油 1 滴
洋蔥 10g ／沙拉油 少許／白醬（P28） 1 大匙

作法
1. 將洋蔥磨成泥。

2. 把太白粉、醬油、1 放入絞肉，和勻後，捏成形。

3. 把 2 放入熱好的油鍋燜煎，再淋上白醬。

迷你飯糰

材料
軟飯　80g（P75）
作法
把軟飯用保鮮膜包起來，扭成小小的
球狀。

南瓜冷湯

材料
南瓜　30g／蔬菜湯（P17）　1/5 杯／牛奶　2 大匙／海苔　少許
作法
1. 南瓜削皮後煮熟，搗成泥狀。
2. 把蔬菜湯和牛奶倒進鍋內加熱，再加入 1 煮到沸騰。
3. 用冰水冰鎮鍋底，在等待冷卻的期間也不停攪拌。撒上海苔作為點綴。

奶油照燒劍旗魚

材料
劍旗魚　15g／醬油　1 滴／高湯（P13）　2 大匙／砂糖　一點點
奶油　少許／綜合蔬菜（冷凍）　10g
作法
1. 將劍旗魚切成容易食用的大小，再以高湯、醬油、砂糖醃漬。
2. 微波加熱綜合蔬菜。
3. 將奶油放進平底鍋溶化後，放入 2 稍微拌炒，再盛裝在容器。
4. 用同一個平底鍋煎 1，等到表面上色，蓋上鍋蓋燜煎。煎熟後，
　 盛放在 3 上。

蒸蔬菜

材料
蘆筍的前端　10g
綠花椰菜　10g／玉米筍　1 支（10g）
作法
將所有的蔬菜洗淨後，切成方便食用的大小，放進鍋
裡蒸熟（或者放進微波爐加熱）。

水煮毛豆

材料　毛豆　5 莢
作法
將毛豆輕輕清洗乾淨後，汆燙煮熟。食用前從豆莢取出
毛豆，並剝去外層的薄皮。

凍豆腐絞肉羹

材料
凍豆腐　5g ／菠菜　20g ／牛豬混合絞肉　15g ／高湯（P13）　1/2 杯
醬油　一點點／砂糖　少許／太白粉水　少許
作法
1. 凍豆腐用水泡開後，切成 7～8mm 的小塊。菠菜汆燙後，切成容易食用的大小。
2. 把高湯倒進鍋內煮開，再以醬油和砂糖調味，最後加入 1 和絞肉煮熟。
3. 以太白粉水勾芡。

櫻花蝦
海苔烤飯糰

材料
白飯（完成期的寶寶請準備軟飯）　80g
櫻花蝦　1 小匙／海苔　少許／麵粉　少許
作法
在白飯裡拌入切碎的櫻花蝦和海苔，再加入麵粉捏出
飯糰形狀。放進平底鍋，將兩面略微烘烤。

洋蔥
蛋花湯

材料
嬰幼兒專用雞高湯　1/2 杯／洋蔥　20g ／打散的蛋汁　10g
作法
1. 將洋蔥切末。
2. 用雞高湯把 1 煮軟，再加入打散的蛋汁煮熟。

炸薯條

材料
馬鈴薯　15g ／炸油　適量
作法
1. 馬鈴薯削皮後，切成約 4cm 長的條狀，泡水。
2. 用廚房紙巾拭乾 1 的水分，再放進微波爐加熱。
3. 熱油鍋；待油溫達到 180 度後，放入 2 炸到酥脆。

軟飯

材料
白飯和水的比例為 1：3（每一次的食量大約是 70 ~ 90g）
作法
1. 把白米和水倒入鍋內，以大火加熱。
2. 煮滾後轉小火，再煮 5 分鐘便關火。
3. 蓋上鍋蓋燜 10 分鐘。（照片中的展示品有撒上嬰幼兒專用的香鬆。）

香蕉

材料　香蕉　1/5 條（20g）
作法　把香蕉切成片，以方便寶寶食用。

糖煎紅蘿蔔

材料
紅蘿蔔　15g ／水　1/2 杯
無鹽奶油　1g ／砂糖　一點點
作法
1. 紅蘿蔔削皮後，切成 5mm 厚的圓片。
2. 把水、奶油、砂糖和 1 放進鍋內加熱，待材料
　 軟化後，轉大火，直到湯汁收乾。

漢堡排

材料
牛豬混合絞肉　20g ／洋蔥　10g ／打散的蛋汁　5g ／麵包粉　3g
沙拉油　少許／起士片　1/4 片／番茄糊　1 小匙
作法
1. 洋蔥切末後，混入絞肉、蛋和麵包粉；攪拌均勻後，捏出肉餅的形狀。
2. 在平底鍋內倒入少許沙拉油，油煎 1 的兩面。
3. 等到表面出現焦色，蓋上鍋蓋燜煎。兩面都熟透後，盛盤。
4. 用模子把起士刻成星形，放在 3 上。在旁邊添上一小碟番茄糊。

Memo
直接給寶寶吃番茄醬太鹹，
所以我換成番茄糊。

Chieko's Memory

這是 Oisix 加了
天然果汁的寒天小果凍
（蘋果口味）。

茄汁飯

材料

白飯　60g／豌豆　10g
蕃茄糊　1/2 小匙

作法

1. 將豌豆煮熟，剝去外層的薄皮。
2. 把 1 混入白飯，再加入蕃茄糊調味。

Memo

炸雞塊的用油量大，
所以茄汁飯就省略了
炒的步驟。

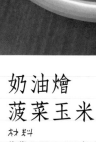

炸雞塊

材料

雞絞肉　15g／板豆腐　20g／黃豆美奶滋　一點點
水　1 小匙／麵粉　1/2 小匙／沙拉油　適量

作法

1. 仔細瀝乾豆腐的水分。
2. 混合絞肉、豆腐、黃豆美奶滋、水和麵粉。和勻後，
　捏成一塊塊。
3. 在平底鍋內多倒一點油，放入 2 油炸。

奶油燴
菠菜玉米

材料

菠菜　15g／玉米（罐裝）　20g／無鹽奶油　1g

作法

1. 將煮熟的菠菜切成方便食用的大小。
2. 把奶油放進平底鍋，熱溶後，放入 1 和菠菜稍微拌炒。

Конdigtemperaturen

柴魚飯糰
材料
軟飯　80g（P75）／柴魚片　適量
作法
把柴魚片混入軟飯，捏成球狀。

蔬菜條
材料
紅蘿蔔　10g／小黃瓜（去皮去籽）　10g
作法
蔬菜削皮後，切成 5mm 寬、4mm 長的條狀，煮熟。

嫩煎奶油白肉魚
材料
鱈魚　15g／無鹽奶油　1g
麵粉　少許
作法
1. 將鱈魚切成容易入口的大小，輕輕裹上一層麵粉。
2. 把奶油放進平底鍋，熱溶後，放入鱈魚，將兩面煎至上色。

Memo
我用的是新鮮鱈魚，而不是醃漬過的鱈魚。

羊栖菜飯

材料

軟飯　80g（P75）／羊栖菜　1g
高湯（P13）　2 ~ 3 大匙
醬油　一點點／砂糖　一點點

作法

1. 用水將羊栖菜泡開。再以高湯、醬油和砂糖煮到軟。
2. 把煮好的 1 盛在軟飯上。

菠菜
雞蛋清湯

材料

高湯（P13）　1/2 杯
醬油　一點點
菠菜　10g
打散的蛋汁　15g

作法

1. 將菠菜汆燙後，切成容易食用的大小。
2. 煮開湯汁和醬油，再倒入蛋汁，迅速攪拌。
3. 最後加入菠菜。

紅白蘿蔔雞茸羹

材料

紅蘿蔔　20g／白蘿蔔　20g
雞絞肉　15g／高湯（P13）　3/4 杯
醬油　一點點／砂糖　一點點
太白粉水　少許

作法

1. 紅蘿蔔和白蘿蔔削皮後，切成一口大小，再以高湯煮到熟軟。
2. 紅蘿蔔和白蘿蔔盛盤；剩下的湯汁中加入砂糖和醬油，把絞肉煮熟。
3. 倒入太白粉水勾芡後，淋在蔬菜上。

草莓優格

材料
草莓果醬（低糖） 1/2 小匙
原味優格　40g
作法
舀半匙果醬放在優格上即可。

綜合蔬菜

材料
冷凍綜合蔬菜（剝去豌豆外層的薄皮） 20g ／生菜葉　1 片
作法
將綜合蔬菜裝入耐熱容器，微波加熱後，
和生菜葉一起盛盤。

南瓜夾餡麵包

材料
小餐包　1 個
南瓜　20g
作法
1. 將南瓜削皮，煮熟後搗碎。
2. 切開小餐包的側邊，用鋁箔紙包起來，放進小烤箱
加熱。取出後，夾入 1。

起士夾餡麵包

材料
小餐包　1 個／起士片　1/2 片
作法
1. 切開小餐包的側邊，用鋁箔紙包起來，放進小烤箱加熱。
2. 取出後，夾入起士片。

海苔飯糰

材料

白飯 60g／海苔 少許

作法

將海苔拌入白飯，再搓成球狀。

綜合蔬菜

材料

冷凍綜合蔬菜 20g

作法

將綜合蔬菜放入耐熱容器，以微波爐加熱。

鮪魚漢堡排

材料

水煮鮪魚罐頭（無油無鹽）15g／板豆腐 20g／太白粉 少許
沙拉油 少許／黃豆美奶滋 一點點／牛奶 1/2 小匙

作法

1. 混合瀝乾水分的豆腐、鮪魚和太白粉。和勻後，捏成漢堡排的形狀。
2. 將沙拉油倒入平底鍋，燒熱後，放入漢堡排，把兩面煎熟。
3. 煎到兩面上色後，蓋上鍋蓋悶煎。
4. 以牛奶稀釋黃豆美奶滋，再淋在 3 上。

炸薯條

材料

馬鈴薯 20g／炸油 適量

作法

1. 將馬鈴薯削皮後，切成約 4cm 的條狀，泡水。
2. 用廚房紙巾拭乾 1 的水分，放入微波爐加熱 30 秒。
3. 趁 2 尚保持溫熱的時候，放入約 180 的油鍋炸熟。

橘子果凍

Oisix 的橘子果凍
（我女兒最喜歡吃了。）

玉米
豆漿濃湯

材料

玉米（罐裝） 30g ／豆漿　2 大匙
蔬菜湯（P17）　3 大匙

作法

1. 用果汁機把玉米打碎到帶有顆粒感的程度。
2. 把蔬菜湯和豆漿倒進鍋內煮滾，再加入 1
繼續煮。

綠花椰菜
蛋沙拉

材料

綠花椰菜　20g ／水煮蛋　1/2 個
黃豆美奶滋　一點點／牛奶　1/2 小匙

作法

1. 將綠花菜汆燙至軟，再切成容易入口的
大小。
2. 用叉子把水煮蛋搗成粗塊。
3. 用牛奶稀釋黃豆美奶滋，再拌入 1 和 2。

Chieko's Memory

在女兒抗拒吃白飯時，想到了這道以馬鈴薯
為主食的料理（用手抓著吃也 OK!）
結果這道菜讓她吃得很開心呢。
雖然我希望她最好還是多吃點白飯啦⋯
抱著「她很快就會回心轉意吃白飯，所以暫時
隨她去吧」的想法，好像也是一種
解決之道呢。

白肉魚
烤起士馬鈴薯

材料

馬鈴薯　100g ／披薩用起士絲　10g ／鱈魚片　15g
太白粉　少許／牛奶　少許／沙拉油　少許

作法

1. 馬鈴薯削皮後，先煮熟再搗成泥。
2. 把起士、鱈魚、太白粉和牛奶加入 1，和勻後捏成橢圓形。
3. 在平底鍋內倒入一層薄薄的油，放入 2，將兩面煎成金黃。

Memo

如果不放牛奶，
可以用優格代替。

紅蘿蔔
奶油燉菜

材料

軟飯　60g ／雞胸肉　15g ／洋蔥　10g
紅蘿蔔　10g ／馬鈴薯　10g
蔬菜湯（P17）1/4 杯／牛奶　1/5 杯
沙拉油　少許／麵粉　1 小匙

作法

1. 紅蘿蔔削皮後，留下 1/3，將其餘的磨成泥。
   把削了皮的馬鈴薯、剩下的紅蘿蔔、洋蔥和
   雞肉切成 1cm 的小塊。

2. 把油倒進平底鍋，加熱後，放入雞肉和蔬菜
   拌炒，再加入麵粉。待食材和麵粉充分混勻，
   加入紅蘿蔔泥、牛奶、蔬菜湯，煮到所有食材
   變軟。

3. 撈出鍋內的燉菜，和軟飯一起盛盤。

Memo

紅蘿蔔不論磨成泥，
還是切成丁，
甜味吃起來都很明顯喔。

牛蒡日式煎餅

材料

牛絞肉　10g ／牛蒡　10g ／高麗菜　10g
洋蔥　5g ／麵粉　3 大匙
水　2 大匙／豬排醬　一點點
牛奶　一點點／海苔　少許／柴魚片　少許

作法

1. 牛蒡切末後泡水，以去除澀味。將高麗菜和
   洋蔥切末。

2. 將絞肉、1 和麵粉和勻。捏成圓形後，放入
   燒熱的平底鍋，把兩面煎熟。

3. 牛奶與豬排醬 1:1 的比例調勻，淋在煎餅上，
   再灑上海苔、柴魚片。

蔬菜佐優格淋醬

材料

綠花椰菜、紅蘿蔔、玉米（罐裝） 共30g

〈淋醬的材料〉

醬油　1滴／砂糖　一點點／優格　1/2大匙

作法

將綠花菜和紅蘿蔔切成適當的大小後，煮軟。加入玉米，再淋上醬汁。

奇異果&草莓

材料

奇異果　5g／草莓　10g

作法

切成容易食用的大小，裝盤。

軟飯

添上60g的軟飯，再加上幾顆豌豆當作裝飾。

地瓜西班牙蛋捲

材料（6餐份）

地瓜　20g／洋蔥　1/4顆

〈蛋汁〉蛋　2個／牛奶　2小匙／起士粉　1小匙／番茄糊　1小匙／沙拉油　少許

作法

1. 地瓜削皮後，切成適合食用的大小，煮熟。把洋蔥切末。

2. 在平底鍋內倒入薄薄的一層油，放入1拌炒。

3. 將1與蛋液充分混合，倒入鍋中，再蓋上鍋蓋，以小火燜煎2～3分鐘。接著翻面再煎4～5分鐘。切成6等份。

4. 添上一小盅番茄糊供蘸取。

完成期

雜糧飯

準備好的雜糧如果包含豆類，請挑出來。
加入稍多的水量，和白米一起炊煮而成的雜糧飯　80g

Memo

我家用的是現在很流行的日本
十八穀。女兒要吃的份量我會另
外煮，而且煮得軟一點。我也會
把較硬的豆類挑出來。

旗魚
綠咖哩

材料

玉米（玉米奶油粒罐頭）　20g ／豌豆　10g
蔬菜湯（P17）　3/4 杯／牛奶　2 大匙
醬油　1 滴／砂糖　少許／旗魚　15g
紅蘿蔔　10g ／綠花椰菜　10g

作法

1. 用蔬菜湯把玉米和豌豆煮軟。
2. 過篩 1，再加入牛奶、醬油、砂糖，
   攪拌成泥狀。
3. 汆燙切成大小適中的旗魚塊、削皮的
   紅蘿蔔、綠花椰菜。
4. 把 3 加入 2 燉煮。

Chieko's Memory

因為放了很多青菜，
而且完全沒有添加嗆鼻的
香辛料，所以連小小孩
也可以吃。

春捲條

材料

水煮蝦子　20g ／香菇　5g ／菠菜　10g ／蔥　5g
豬絞肉　5g ／太白粉、黃豆美奶滋、醬油各一點點
春捲皮　2 片／麵粉水（水和麵粉的比例是 1：1）

作法

1. 把蝦子、香菇、菠菜、蔥、絞肉、太白粉、黃豆美奶滋和醬油倒進
   食物攪拌機，打碎。
2. 將春捲皮切成 4 等份。
3. 用春捲皮包住 1 的 1/4，再沾點麵粉水固定
   尾端。剩下的 3 份也比照辦理。
4. 用低溫的油把 3 慢慢炸熟。

Chieko's Memory

這道食譜是某位媽媽前輩教我的。
平常吃飯慢吞吞的女兒，
居然三兩下就吃完了，
真的讓我覺得太神奇了。

Memo

如果家裡沒有食物攪拌機，
也可以把蔬菜切丁，
用菜刀剁碎蝦肉和豬肉。

香蕉 & 奇異果

材料
香蕉　5g／奇異果　10g
作法
將香蕉切成 7～8mm 厚的圓片，奇異果
切成 1/4 圓形的小塊。

迷你起士
熱狗堡

材料
小餐包　1 個／起士片　1/2 片
熱狗（無腸衣）　1 條（15g）
作法
1. 切開小餐包的側邊，用鋁箔紙包起來，
   放進小烤箱加熱。
2. 將熱狗水煮後，和起士片一起夾入溫
   熱的餐包。

Chieko's Memory

我用的高湯粉是「Matsuya」出品的
天然高湯粉。主要成分包括鰹魚、昆布
和香菇，完全沒有添加食鹽、
化學調味料和抗氧化劑等。
替寶寶料理離乳食或需要清淡調味時，
這款 100% 純天然的高湯粉，
可說再合適不過了。

蛋捲佐
綠花椰菜

材料
蛋　2/3 個／牛奶　1 小匙
番茄糊　1/2 小匙
水煮綠花椰菜　20g／沙拉油　少許
作法
1. 混合蛋和牛奶。
2. 將蛋汁倒入燒熱的油鍋後，快速攪拌。
3. 趁蛋汁尚未凝固前，把蛋皮捲成蛋包的形狀。
4. 將蛋捲淋上番茄糊，並加上綠花椰菜當作配菜。

南瓜可樂餅

材料
南瓜　50g／嬰幼兒專用高湯粉　1/2 小匙
牛奶　2 小匙／起士片　1/4 片（10g）／麵粉　適量
打散的蛋汁　適量／麵包粉　適量／炸油　適量
作法
1. 切下 4～5 片裝飾用的南瓜片後，將其餘的南瓜煮熟、
   搗碎。在南瓜泥中加入高湯粉、牛奶，攪拌均勻。
2. 接著加入切碎的起士片，捏成小巧的球狀。
3. 依序裹上麵粉、打散的蛋汁、麵包粉。
4. 將裝飾用的南瓜片放入鍋內油炸，再放入 3 炸至金黃。
   最後把炸南瓜片放在炸好的可樂餅上。

蔬菜湯

材料
蔬菜湯（P17） 1/2 杯／喜歡的蔬菜 總共 25g
作法
把蔬菜切成 1cm 的小丁，用蔬菜湯煮到變軟。

雞肉炒飯

材料
白飯 65g／洋蔥 10g／紅蘿蔔 5g
雞胸肉 10g／綠花椰菜 10g／沙拉油 少許
番茄糊 1/2 小匙
作法
1. 把洋蔥和紅蘿蔔切成末，和綠花椰菜一起汆燙。
2. 將雞肉切成 1cm 的小丁。
3. 在平底鍋內倒入少許油，再放入 2 拌炒；炒至雞肉上色，加入 1 續炒。
4. 加入溫熱的白飯，炒鬆後，再以番茄糊調味。

Memo
如果沒有番茄糊，用番茄醬代替也可以；不過，番茄醬比較鹹，所以要減少用量。

Memo
寶寶可以用手抓著吃，或者練習用叉子吃。

蝦仁蘆筍起士丸子

材料
蝦仁 15g／蘆筍 15g／太白粉 少許
起士粉 少許／沙拉油 適量
作法
1. 削了皮的水煮蘆筍剁碎和汆燙過的蝦仁和勻。
2. 把 1 裹上起士粉和太白粉，捏成丸子形。
3. 在平底鍋內倒入一層薄薄的油，放入丸子油煎，並不時翻面。

奶油玉米馬鈴薯丸子

材料
馬鈴薯 20g／玉米（罐裝）10g
太白粉 少許／無鹽奶油 1g／沙拉油 適量
作法
1. 馬鈴薯削皮後，煮熟、搗碎。加入玉米、奶油、太白粉，攪拌均勻。
2. 把 1 放進保鮮膜，扭轉成丸狀。
3. 在平底鍋內倒入一層薄薄的油，放入丸子油煎，並不時翻面。

Column

讓製作離乳食變得更輕鬆

千惠子的
獨門冷凍打包術

　　整批購買來的蔬菜或肉品,通常我都是當天就做好前置處理,再分裝成方便一次用量的小包裝,放入冷凍庫保存。所以寶寶的離乳食,從初期開始就是使用整批冷凍的作法。我會把蔬菜一次磨成泥,再分裝成許多小包;無論要當作粥的配菜,或者加入蔬菜高湯一起煮成濃湯都可以,用途很廣。如果每次只煮一點點,不但得每次花時間和工夫,而且份量太少也不容易煮得好。所以,「一次煮好冷凍起來」是我大力推薦的聰明撇步。再加上離乳食分裝盒的輔助,離乳食的準備也會變得更輕鬆。

星期天晚上是我固定製作離乳食&冷凍保存的日子

有了 Chuchubaby 食物冰磚盒,不論要冷凍每一餐的份量或微波解凍都很簡單,還可以清洗,重複使用。我都是用它來保存粥和蔬菜泥。

一次做好的高湯和蔬菜湯,我會用製冰盒保存起來。這種製冰盒附有蓋子,而且還可以輕鬆脫模,更棒的是還標記了刻度,讓人對份量一目瞭然,真是太方便了。

番茄糊也可以自己做。首先把番茄剝皮、去籽,切成粗塊。放入蔬菜湯熬煮後,再以手持電動攪拌器打成泥。做好的番茄糊可以當作湯底,也可以當作醬料,當然要拌入粥裡也OK,吃法很多變!

把真鯛的魚片一次煮熟後,我會先用手持電動攪拌器將魚肉打碎,再每 5g 用保鮮膜包成一小包。最後另用容器裝起來,冷凍保存。

介紹各種製作離乳食的便利用品

Chieko's Kitchen

> 為大家介紹的都是我實際用過之後，
> 發現值得大推的好物。

用途很廣！

購於六本木的 Musee Imaginaire。
除了盛裝日本酒，拿來當作裝零食、
果醬的容器也很適合。

和木匙配成一組

出現在封面的楓木容器「掌心尺寸
的碗匙組」是我在 Style Store 買
的。很好用！

尺寸只有巴掌大！

從展示料理的照片中可能看不出來，
實際上它只有巴掌大。商品名稱是
「胖嘟嘟橢圓盤 SS」。

煮蛋器

APILCO 的煮蛋器雖然是給成人
使用，但是在一開始食量和耗損量
還很少的初期，我也常常拿它來裝
離乳食。

詢問率很高的單品

這是我早在女兒出生前就一直使用的調味料罐。等到開始製作離乳食,更是深感方便。購於樂天的「Angers」。

後期的餐具

Combi 出品的「Baby Label 優質餐具組」是寶寶在後期愛用的餐具組。叉子附有安全擋片。也可以放進微波爐加熱。

用這個可以自己吃飯嗎

貝親出品的「嬰兒湯匙叉子組」我買了兩組。一組自己用,另一組用來餵她吃。

附吸盤牢牢固定

La Chaise Longue 的吸盤碗,在寶寶想自己動手吃的後期~完成期這段時間,派上了很大的用場!

療癒系木杈 & 木匙

這套光看就覺得好舒服的木叉和木匙,是我在六本木的 Musee Imaginaire 看到的,店家的名稱是「我的房間」。

這樣就不怕營養不均衡了

FUNFAM 的竹製餐盤「Balancer」,用圖案區分出主食、主菜、配菜和點心的位置,不但設計得很可愛,也很實用!

亮麗的色彩很討喜

色彩鮮豔明亮,好像歐美系的玩具!這套 rice 出品的兒童餐盤杯組,我挑了粉紅色。

出門的時候

貝親的迷你吸管水杯

從照片可以看得出來,這款吸管杯的把手可以轉向內側,收納不佔空間。我試了很多款杯子,覺得這款的容量最剛好,而且吸水也輕鬆,又不容易漏水。清洗也很方便喔。我和女兒都對這款杯子很滿意。因為使用頻率很高,價格也平易近人,後來我又多買了一個。

Richell 的寶寶便當盒

我和有小寶貝的媽媽們共進午餐時,幾乎都會帶著它。這個便當盒有蓋子,而且握把也可以收起來,所以開車外出的時候也很方便。即使裝的是食物泥,也不會漏出來,讓我可以放心帶出門。

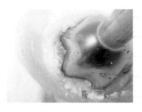

初期就少不了它！

少量的食材也能打成泥
我用的手持電動攪拌器是
BRAUN 的 Multiquick。
即使食物的量少，也能夠快
速打成泥，還可以任選粗細
的程度。清洗和保養也很簡
單，而且收納不佔空間。

香噴噴的味道
是我的 Morning Call

我用的家用麵包機是國際牌
SD-BM 103 的機種。可以用
100％的米粉烤麵包。這台麵包
機是我的生日禮物，自從我收到
以後，幾乎每天都會用它烤麵包。
拜這台麵包機所賜，我女兒最
愛吃麵包了。

有了這套，
真的超方便！

剛開始做菜的時候，我就很
喜歡特福這套"不必拿下鍋
把，也可以重疊收納"的鍋組。
而且它在我製作離乳食的時
候，也發揮了很大的用途。這
套鍋組總共有 6 個鍋，不論
做哪道料理都不怕沒鍋子可
用。※聽說這套鍋組目前已
經停產了。

充滿弧度的造型和
剛剛好的尺寸是最大魅力！

DANSK 的奶油加熱器。這
個小巧玲瓏的鍋子讓我一看
就中意。如果要煮離乳食，這
個小鍋的尺寸剛剛好，清洗
也很輕鬆，使用的效果讓我
很滿意。

無聲的設計就不必擔
心寶寶會被吵醒了！

這款震動計時器除了簡單的設計，
不會發出聲響也是受我青睞的原
因。當我一邊背著熟睡的女兒，一
邊煮飯時，也不必擔心會有聲音把
她吵醒，真是太棒了。

可以捲成一團隨身攜帶！

這款 TREX 的智慧型圍兜兜，是我在
Hakka Kids 買的。材質是矽膠，又輕
又軟，對不喜歡塑膠圍兜的寶寶而言，
可說是一大福音。外出使用也很方便！

適合抓食期寶寶的餐墊

TREX 的 Smart Diner。可以把
食物直接放在上面，當作餐盤使用。
背面的吸盤可以讓餐墊固定在桌子
上，不會漏接掉出來的食物碎屑。

視野提高後，
寶寶好像也很開心！

這是我在樂天市場買到的高腳椅，價
格超級划算。不曉得我女兒是不是
因為視野提高後，覺得很開心，每
次都會乖乖坐好，讓我餵她吃飯的
時候，完全不費吹灰之力！另外販售
的坐墊，我選了淺藍色。

和家裡的擺設
搭配不顯突兀

我最近用的是 Baby Bjorn 的高腳
椅。我最喜歡的是它的設計，和房
間的擺設很搭調。坐起來很穩，所
以女兒也很滿意。

有關離乳食的 Q&A

利用這個機會，回答以下最常出現在我的部落格的問題。不過，每個寶寶都有自己的個性，離乳食的進展和進食情況也因人而異。我能提供給大家的畢竟只是我個人的經驗，但只要能發揮一點點參考的價值，我就很開心了。

妳是怎麼決定
離乳食的菜色呢？

其實，我常常在買菜或打開冰箱的時候，看到有哪些食材，腦中才開始盤算：這項食材可以搭配什麼來煮、調味該怎麼調；還有，早餐吃的澱粉類太少了，中午來吃義大利麵好了等等。因為在照顧小朋友的時候，隨時充滿變數，即使事前訂好計畫，也不一定能夠如期實現。尤其是準備離乳食，更需要配合我女兒的情緒或身體狀況調整，所以我已經養成了臨機應變的習慣。

我想知道幾項點心的
簡單食譜。

我覺得香蕉春捲是個不錯的選擇。首先把香蕉切成容易入口的大小，再用春捲皮包起來；包到最後時，用一點麵粉水黏住尾端固定。最後放入鍋內油炸就 OK 了。如果寶寶會用手抓東西吃，就更合適了。

妳女兒有特別
喜歡 或 討厭
哪些食物嗎？

她最喜歡的食物是蔬菜，尤其是綠花椰菜和紅蘿蔔。唯獨蕃茄是無論如何也不願意吃，讓我奮鬥了好久。

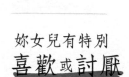

我只要加了
新食材或
換了新菜單，
寶寶的接受度通常不高……

你的心情我完全能夠體會！拿我女兒來說好了，只要她看到大人好像在吃什麼好吃的東西，常常也會吵著要吃（笑）。她本來一直不肯吃番茄，結果有一天看到爸媽兩人在吃，一副很美味的樣子，居然就願意吃了，讓我好驚訝。我想，即使是小寶寶，也有自己的個性和偏好吧。所以，遇到寶寶不肯接受新食材的時候，我覺得也不要強迫他，抱著「你總有一天會吃」的想法，也不失為一種解決之道。

該怎麼做才能消除
肉類或魚類的 乾澀感 呢？

我女兒也不喜歡乾澀的口感，所以我餵她吃的時候，她也常常吐出來。我最常用的一招是把豆腐加入絞肉和白肉魚泥，揉成小丸子後，再放進湯裡煮熟。加了嫩豆腐和湯汁之後，肉類和魚類會變得濕潤一點，寶寶也好像比較願意捧場。

不知不覺中，我習慣 **只餵**
寶寶願意吃的食物。
千惠子小姐，
妳也有過這樣的經驗嗎？

　　不只一次，有好幾次呢。遇到寶寶胃口不好的時候，做父母的難免會想「願意吃（即使都是一樣的食物）總比什麼都不吃好」，所以一再妥協。不過，就算讓寶寶老是吃她喜歡的東西，我還是會加一點點以前沒吃過的食材，讓她慢慢接受。只要告訴自己：反正人生還這麼漫長，她總有一天會接受的，慢慢來，心裡也就釋懷多了（笑）。

如果寶寶已經有一段時間 **胃口都很不好**，
妳會怎麼做呢？

　　我會從改善食物的軟硬和顆粒大小下手，暫時恢復成原本接受度高的菜色。因為與其在意寶寶的進度落後月齡的標準或「食量」，我更希望她能了解「吃東西的樂趣」，所以我會把腳步放慢，給她更多時間。

妳在 **煮飯的時候**，
寶寶怎麼辦呢？

　　我在做早餐的時候，我女兒通常可以一個人玩得很開心，或者，我會放一些兒童教育節目給她看。所以我可以利用這段時間，一口氣完成午餐和晚餐的前置作業，這樣接下來的準備就很輕鬆了。

　　不過，在寶寶出現分離焦慮的那段時間，我會用背巾背著她煮飯，或者讓她在廚房裡，對我跟前跟後。她的搞破壞行為有時會讓我不得不停下來；時間緊迫的時候，我還曾經一手抱她，一手炒菜（現在回想起來真是好危險！）。那時候雖然很辛苦，但想想小孩也只有這段時間才會這麼黏我，所以也就熬過來了。

妳是事先決定好要從 **哪一天開始**
餵離乳食嗎？
讓妳下定決心的理由是什麼？

　　我們是因為發現女兒看到大人吃東西的時候，嘴巴會跟著做出咀嚼的動作，還會流口水，才想到該替她準備離乳食了。所以在她 5 個月大的時候，讓她嘗試了 10 倍粥。

寶寶厭食 的問題讓我很頭痛。

　　以我女兒而言，如果會出現厭食的情況，十之八九好像都是長牙的關係。但是，寶寶還沒有辦法表達自己的感受，大人只能猜想：大概是牙齦很癢在不高興吧？？而且在吃東西這件事上，每個寶寶也有自己的脾氣，所以我想做父母的只能努力配合孩子了。

　　我的作法是煮得比平常的份量少一點，或者把粥煮得硬一些。不知道她是不是喜歡這種可以用牙齦咀嚼的口感，居然一口接一口。記得沒多久之前她還只能吃食物泥，現在已經和大人一樣會咬東西了。嬰幼兒的成長真的好快呢。雖然跟上基本的進度很重要，但我覺得更重要的是，掌握寶寶本身的變化和需求。

外出旅行 的時候，
妳都如何準備
寶寶的離乳食？

　　我會事先準備市售的嬰兒食品，或者從大人的餐點中挑出她可以吃的食物。我女兒對外食的接受度不高，所以我事先有試過幾種市售的嬰兒食品，讓她先適應。最後，再準備她接受度最高的嬰兒食品出門。我買的是盒裝嬰兒食品，既方便營養也比較均衡。

　　帶小嬰兒出外旅行，我想當媽媽的一定會操心，但實際成行之後，說不定比想像中順利。所以，請大家也多多帶小朋友外出，共同留下許多美好的回憶。

食材分類索引

國家圖書館出版品預行編目(CIP)資料

越智千惠子的離乳食美味餐廳／越智千惠子著；藍嘉楹
翻譯. -- 初版. -- 臺北市：笛藤, 2013.04
面：公分

ISBN 978-957-710-606-3(平裝)

1.育兒 2.小兒營養 3.食譜

428.3　　　　　　　　　　　　　　102004308

OCHICHIEKO NO RINYUSYOKU RESTAURANT

© CHIEKO OCHI 2011

Originally published in Japan in 2012 by

SHUFUNOTOMO CO., LTD.

Chinese translation rights arranged through

TOHAN CORPORATION, TOKYO.

越智千惠子的
離乳食美味餐廳

102年4月30日 初版第一刷

著　者：越智千惠子
翻　譯：藍嘉楹
封面、內頁排版：碼非創意
總 編 輯：賴巧淩
編　輯：賴巧淩・洪儀庭
發 行 所：笛藤出版圖書有限公司
地　址：台北市中華路1段104號5樓
電　話：(02)2388-7636
傳　真：(02)2388-7639
總 經 銷：聯合發行股份有限公司
地　址：新北市新店區寶橋路235巷6弄6號2樓
電　話：(02)2917-8022・(02)2917-8042
製 版 廠：造極彩色印刷製版股份有限公司
地　址：新北市中和區中山路2段340巷36號
電　話：(02)2240-0333・(02)2248-3904

ISBN 978-957-710-606-3 定價260元